아이가 먼저 수저 드는

뉴욕식 건강 밥상

조앤 글·사진

New York Style
Dining Table

21세기북스

목차

프롤로그. 조앤의 편지　07

Part 01. 편식

01. 편식의 시작　14
02. 편식 예방 십계명　15
03. 편식 예방 부엌 놀이　19

Part 02. 우리 아이 하루 필수 영양소와 양

01. 하루 기준 식단 피라미드　22
02. 어린이와 아동의 하루 필수 칼로리 및 영양소 권장량　23
03. 우리 아이의 하루 필요 섭취량　27

Part 03. 뉴욕맘 조앤의 요리 노트

01. 장보기 팁　44
02. 조앤의 레시피에 필요한 기본 주방 도구　45
03. 예쁘게 재료 준비하기　47
04. 냉동해두면 편리한 재료들　48
05. 조앤의 커팅법　53
06. 소스 만들기　55

Part 04. 우리 아이 올바른 식습관 길들이는 대표 메뉴

01. 엄마의 지혜가 돋보이는 요리
- 마 감자 라끼   66
- 사과 동그랑땡 카나페   68
- 게살 채소 미트볼   71
- 채소 두부 버거   73
- 시금치 모짜렐라 돈가스 롤   75
- 과일 화채 문어 샐러드와 키위 드레싱   78
- 복숭아 아롱사태 조림   80
- 뱅어포 크래커   82

02. 두뇌 발달 파워 아침 메뉴
- 연어 오믈렛   84
- 모닝 파워 셰이크   86
- 모짜렐라 채소 프리따라   88
- 프렌치 토스트와 두부 스크램블   90
- 모짜렐라 또띠아 말이   92
- 바나나 소고기 채소밥   94
- 애호박 당근 호두 파워 머핀   96
- 유기농 코코아 호두 팬케이크   98

03. 인기 만점! 맛 만점! 모양 만점! 점심 메뉴
- 로즈마리 감자 피자   100
- 아스파라거스 튀김꽃 새우 튀김   102
- 당면꽃 새우 튀김   107
- 치킨 애호박 파마잔 크루와상 샌드위치   109
- 땅콩 소스 볶음우동   111
- 아보카도 고구마 매쉬 치킨 퀘사디야   113
- 바삭한 페이스트리에 쌓인 연어와 감자   115
- 달걀 참치 샐러드 샌드위치   118
- 크리미 겨자 소스 어묵 떡볶이   120

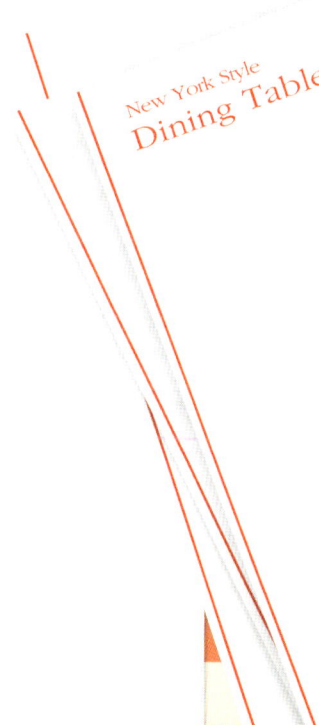

New York Style
Dining Table

Part 05. 아이 사랑이 돋보이는 퓨전요리

01. 김치 퓨전 요리
- 김치 치킨 소시지 꼬치　　124
- 김치 새우 버거　　126
- 김치 새우 콘카세　　128
- 김치 까바델리　　130
- 아스파라거스 토마토 김치 피자　　133
- 새콤담백 김치 치킨 샐러드　　135
- 두부 김치 라자니아　　137
- 꿀떡 모짜렐라 김치 고구마 그라탕　　139

02. 된장 퓨전 요리
- 미소 된장 새우 크림 파스타　　141
- 집 된장 삼겹구이　　143
- 미소 된장 채소 조림　　145
- 된장 커스터드 떡구이　　147
- 우엉 맛 미소 조랭이 떡국　　149
- 토마토 돼지갈비 바비큐　　151
- 유기농 엑스트라 버진 코코넛 오일 미소 된장 버터 토스트　　153
- 아보카도 요거트 미소 된장 페이스트 햄 & 파인애플 피자　　156

03. 채소 퓨전 요리
- 토마토 채소볶음 라따뚜이　　159
- 두유 시금치 달걀 커스터드 찜　　161
- 연두부 콘 차우더　　164
- 멕시칸 채소 부리또　　166
- 양배추 두유 퓨레 수프　　168
- 3가지 맛 콜리플라워 팝콘　　170
- 양송이버섯 보리 수프　　172
- 토마토 채소 소고기 케첩 수프　　174

04. 생선 퓨전 요리

- 크림 치즈로 만든 연어찜 무스　176
- 연어 대구 오븐찜　178
- 크리미 새우 샐러드 샌드위치　180
- 모시조개 차우더　182
- 오징어 토마토 스튜　184
- 채소 토마토 홍합찜　186
- 코코넛 새우 튀김　188
- 채소 생선 어묵　190

05. 고기 퓨전 요리

- 마늘간장 캔디 치킨　192
- 달콤 쫄깃 양상추 갈비보쌈　194
- 버터구이 꽃등심 채소 꼬치　196
- 바나나 소고기 카레　198
- 소고기 포도 크림 파스타　200
- 소고기 롤　202
- 오트밀 미트로프 컵　204
- 오렌지 소스 치킨 탕수육　206

Part 06. 영양 듬뿍 슈퍼푸드 간식

01. 고기 안 먹는 아이들을 위한 간식

- 감자 치킨 크로켓　210
- 바나나 불고기 롤　212
- 치킨 사과 스틱　215
- 필리 치즈 불고기 샌드위치　217
- 소고기 감자 치즈컵　219
- 초콜릿 돼지고기 크래커　221
- 파인애플 소고기 볶음밥　223

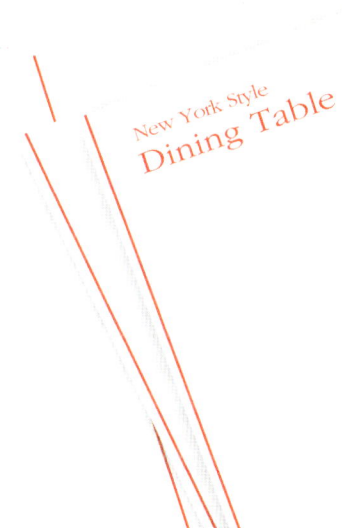

New York Style
Dining Table

• 시금치 치킨 라비올리와 오렌지 소스   225

02. 채소와 콩 안 먹는 아이들을 위한 간식
• 고구마 땅콩 호두 스틱   227
• 두부 당근 모짜렐라 바   229
• 치즈 수플레   231
• 양송이버섯 파마잔   234
• 감자 당근 우유찜   236
• 오렌지 주스 당근 조림   238
• 땅콩 소스 샐러리 스틱   240
• 채소 크림 수프   242
• 영양 가득 깻잎전   244

03. 과일과 유제품 안 먹는 아이들을 위한 간식
• 과일 크림 커스터드   246
• 블루베리 팬케이크   248
• 꿀맛 요거트와 과일 냉우동   251
• 사과 시나몬 토스트   253
• 오트밀 건포도 호두 쿠키   255
• 와카몰리   257
• 슈퍼베리잼   259
• 바나나 아보카도 수프레드   261
• 블루베리 딸기 크림 치즈 스프레드   263
• 메이플 시럽 호두 건포도 크림 치즈   265

에필로그   267

엄마가 만들어준
밥 한 공기에 담긴 사랑처럼

미주 한인 최대 여성잡지 『Missy USA(www.
missyusa.com)』에 건강한 유아식에 관한 칼
럼을 시작한 지 이제 만 1년이 넘어가고 있
습니다.

아이를 키우는 엄마라면 누 말 할 것 없
이 최상의 재료로 최고의 음식을 만들어 처
음 유아식을 시작하는 우리 아기에게 건강
에 좋고 몸에 이로운 음식을 먹이고 싶은 마
음은 아마 전 세계 어디든 똑같을 거라 생각
합니다. 하지만 저도 아이를 낳고 키우다 보
니 아이를 돌보고 양육하는 일이 그리 쉽지
않다는 것을 깨닫게 되었습니다.

아이를 처음 낳아서 나름 엄마가 되어가

고 있고 나의 작은 희생으로 우리 아이의 미
래를 보장받을 수 있다면 이 정도의 고생은
고생도 아니지라고 이를 물었지만 아이 돌
보아주는 사람 하나 없이 집안 살림이며 직
장 일이며 혼자서 하다 보니 몸은 몸대로 힘
이 들고 정신까지 지쳐갔습니다. 그럴 때면
저도 잠시 '다들 마트에서 병에 든 이유식
을 저리 많이도 사는데, 나도 한번 먹여봐
야겠다' 하고 파는 이유식을 하나 사서 제
아들에게 주었지요. 하지만 아이는 얼굴에
오만 가지 인상을 찌푸리고는 휙 뱉어버렸
습니다.

혹시나 해서 몇 번이고 시도를 해보았지

만 시판 이유식에는 눈길도 안 돌리는 우리 아들 덕분에 한 번도 시판 이유식을 사느라 고생한 적은 없습니다. 대신 이유식을 만들어 보관하느라 사용했던 지퍼백만은 열심히 사다 쟁였던 기억이 납니다.

제가 이유식에 관해 이렇게 장렬한 서문을 쓰는 이유는, 아기들은 처음에 시작했던 입맛이 그대로 보존되고 처음 길들여졌던 음식이 평생 간다는 말씀을 드리고 싶어서랍니다. 다 알고 계시는 말이죠? 진열장 위에 종류별로, 단계별로 나란히 그리고 아주 빼곡히 진열된 아기용 이유식과 간식들, 또 해동해서 바로 먹을 수 있는 가공된 냉동식품들이 넘쳐나고 있는 지금 우리 아이들은 무엇을 먹고 자라야 평생 건강을 유지하고 살 수 있을까요?

아무리 건강에 좋고 맛도 좋은 밥과 된장찌개라도 매일 먹으면 우리 어른들도 질리는 법인데 하물며 이제 이유식을 떼고 유아식으로 넘어가는 2살 반, 3살 아이들의 까다로운 입맛을 맞추기란 보통 어려운 일이 아닙니다. 그리고 이때 먹는 음식이 아이들의 평생 건강을 좌우한다는 사실, 모두 알고 계시지요?

패스트푸드점이나 패밀리 레스토랑에서 쉽게 아이들의 허기진 배를 채운다면 엄마는 설거지 안 해서 좋고 아빠는 밥투정하는 아이의 얼굴을 안 봐서 좋기는 하지만 아이는 엄마의 사랑과 정성이 듬뿍 담긴 음식이 아닌 인스턴트 음식에 길들여지고 성인병에 점점 노출되고 말 거예요.

만드는 사람의 사랑과 정성이 듬뿍 담겼을 때, 음식은 음식으로서의 가치가 있습니다. 그래서 엄마가 집에서 만들어준 밥 한 공기를 먹을 때와 나가서 사 먹는 밥 한 공기의 차이는 아주 크다는 생각이 들어요. 위생 면에서도 마찬가지고요. 집에서 사랑하는 아이들과 남편을 생각하며 정성스럽게 준비한 음식들을 온 식구가 함께 모여 옹기종기 먹으면 우리 아이들은 자연스럽게 먹는 즐거움을 깨닫고 가족의 사랑을 느끼며 몸과 마음이 튼튼한 아이로 성장하겠죠.

요즘 미국에서는 동양의 음식문화가 급속도로 퍼지고 있어요. 두유, 생두부, 대두, 검정콩, 팥, 미역, 김, 김치 등 예전에 미국에서는 생소하기만 했던 우리 식재료들을 어느 마트에서나 쉽게 볼 수 있답니다. 그리고 건강에 좋은 식품으로 널리 인식되고 있지요.

이러한 추세에도 불구하고 요즘 한국에서는 잦은 해외여행을 통해 아이들의 견문이 넓혀지다 보니 입맛도 점점 세계화되어 매일 먹는 밥, 국, 김치에 싫증을 많이 내는 것 같아요. 새롭고 빠르게 바뀌는 현대문명의 모든 추세에 따라 우리 아이들의 입맛도 컴퓨터의 사양이 계속 바뀌듯 변화하고 있는 이때 아이들의 눈높이에서 아이들이 원하는 음식을 좀 더 건강하고 바르게 먹을 수 있도록 하는 것은 우리 엄마들의 숙제인 것 같습니다. 그리고 저도 이 숙제를 많은 엄마들과 함께 풀어갔으면 하는 마음으로 이 책을 내게 되었습니다.

한국이 아닌 다른 곳에서 아이를 낳고 키우다 보니 여러 나라의 엄마들과 아이에 관한 이야기를 많이 나눠요. 저처럼 다른 나라 엄마들의 큰 고민 역시 아이의 편식이었습니다. 하지만 아이가 피자를 좋아한다고 피자만 계속해서 준다면 영양의 불균형을 초래하고, 성장기에 필요한 여러 영양소 부족으로 인해 상당히 신경질적인 아이로 돌변할 수 있으며 어려서 보이는 여러 질병(비만, 신경쇠약, 무력증 등)이 나이가 들어 청소년기에 도달하면 당뇨병, 심장판막증, 고

혈압 등과 같은 성인병 증상을 보일 수 있는 위험한 상태까지 될 수 있게 된다고 합니다.

저는 비록 영양학 전문의도 아니고 소아과 의사도 아니지만 서당 개 삼 년이면 풍월을 읊는다고 제 아들이 이제 3살이 되다 보니 여러 전문 서적과 의학 정보들을 찾아가며 공부한 덕분에 약간 '척'을 할 수 있게 된 것 같아요. 요즘처럼 환경오염이 심각한 때 아마 저뿐만 아니라 많은 엄마들이 우리 가족의 몸에 어떤 음식이 해로운지, 또 우리 소비자들이 모르고 먹는 화학 물질들에는 어떤 것들이 있고, 나의 몸에는 얼마나 많은 화학 첨가물들이 축적되어 있는지에 대한 고민을 매일 하지 않나 싶어요.

저도 아이를 키우는 엄마라 건강 관련 서적이나 영양 관련 서적 등을 통해 많은 정보를 수집하고 조사하며 어떻게 하면 우리 아이와 가족의 밥상이 건강해질 수 있을까 고민하게 되었습니다. 저 또한 어려서 햄버거, 새우깡, 짱구, 초코파이를 먹고 자랐지만 40년이 지난 지금까지 어디 한 군데 아픈 곳 없이 건강하게 살아올 수 있었던 이유는 아마도 엄마가 매일 해주셨던 정성스런 음식 때문이 아니었나 싶어요.

이 책에서 저는 미국 하버드대 의대 소아과 의사가 선정한 슈퍼푸드를 이용하여 아이들이 좋아하는 음식을 종류별로 최대한 영양소가 골고루 배합된 레시피를 만들어 보려고 노력했습니다. 『아이가 먼저 수저 드는 뉴욕식 건강 밥상』을 통해 모쪼록 제 아들뿐 아니라 모든 아이들이 건강하고 무럭무럭 자랄 수 있기를 진심으로 바라며 제 마음 가득 담아 여러분들 앞에 전해드립니다. 그리고 마지막으로 저의 첫 책이 나오기까지 고생해주신 분들께 감사의 말씀을 드리고 싶어요.

Thanks to my dearest husband Richard and my lovely son Glenn.

Thank you and I love you both so much!

그리고 몸은 비록 멀리 계시지만 항상 격려와 응원을 아끼시지 않으셨던 부모님께 감사드립니다. 엄마, 아빠 그리고 하나뿐인 내 동생 사랑해. 제가 활동하고 있는 친환경 운동에 동참하시겠다고 무료로 사이트까지 만들어 주시고 마음 깊은 곳에서 응원해 주시는 미셸님께도 감사드립니다.

글렌의 한글학교에서 만난 이정신 아우님, 글렌을 학교에 떨어뜨리고 나서 밥도 못 먹고 일한다며 안쓰러워하며 정성어린 도시락을 챙겨 주던 아우님의 따뜻한 마음이 제게 큰 힘이 되었습니다. 아우님, 20여 년 가까이 뉴욕에서 살았지만 항상 고향땅이 그리운 제게 친동생 이상으로 사랑을 베풀어주고 저의 정신적 친구가 되어주어서 고마워요.

그리고 『아이가 먼저 수저 드는 뉴욕식 건강 밥상』을 읽고 계신 어머님들께 감사드립니다. 마지막으로 제 생애 첫 책을 위해 밤낮으로 고생해 주신 출판사 관계자분들께 저의 고마운 마음 가득 담아 감사의 말씀을 전합니다.

그럼, 어머님들 모두 해피 쿠킹하세요!

뉴욕 맨하탄의 작은 부엌에서 조앤 드림

NewYork Style Dining Table

Part 01.

편식

01

편식의 시작

어려서 무엇을 먹고 자랐는지에 따라 어른이 되어서 아프지 않고 건강한지 아닌지가 정해집니다. 가공되지 않은 식재료를 먹고 자란 아이와 그렇지 않은 아이를 비교해보면 3~4살까지는 겉으로 보기에는 똑같이 건강해 보입니다. 하지만 아이의 몸속은 확연한 차이가 나지요. 한 아이의 혈관은 깨끗하고 피도 맑지만 다른 한 아이는 콜레스테롤 수치도 높고 혈관이 좁아서 당뇨병에 걸릴 수 있는 확률이 현저히 높다는 것을 알 수 있어요. 아무리 가족력이지만 암, 당뇨병, 천식 등과 같은 질병을 우리 아이에게 전해줄 수는 없겠죠?

이유식을 할 때는 아이가 아무거나 잘 받아먹지만 점점 유아기로 접어들면서 편식하려는 경향이 심해집니다. 유아기에 접어든 아이들은 성장 발육이 예전처럼 빨리 진행되지 않기 때문에 체내에 필요한 영양분이 빨리 흡수되지 않습니다. 따라서 많이 먹지 않아도 되지요. 이는 3살 이후의 아이들 대부분에 해당됩니다. 그런데 엄마들은 아이가 예전처럼 잘 안 먹는다고 걱정하실 때가 많더라고요. 이유식을 마친 아이들이 음식을 가리지 않고 다 잘 먹어준다면 걱정이 없겠지만 좋고 싫음이 분명해지는 아이들의 편식이 시작되는 때이기도 해요.

밥 안에 들어 있는 콩은 다 빼놓고 먹는 아이, 국에 있는 무는 쳐다보지 않는 아이, 채소란 채소는 손도 대지 않는 아이 등 편식의 습관은 아기가 이유식을 처음 시작하며 먹고 느꼈던 경험 속의 잠재의식 때문이라 할 수 있습니다. 아이들의 편식은 우리나라뿐만이 아닌 전 세계 모든 엄마들이 겪고 있는 애로사항이며 아이들이 커가면서 싫고 좋음에 차이를 두는 하나의 성장 과정이기도 합니다. 하지만 이러한 성장 과정에서 아이들이 싫어하는 음식을 계속 거부하도록 만드는 환경이 지속된다면 당연히 좋아하는 음식만을 고집하는 나쁜 편식 습관이 들게 되는 것이죠.

02

편식 예방 십계명

하나, 가능하다면 모유를 수시로, 오래 먹이세요!

엄마의 모유에는 엄마가 먹는 음식의 맛이 그대로 들어가 있어 아기가 자연스럽게 음식의 맛을 접할 수 있는 기회를 줍니다. 그리고 엄마의 모유에 들어 있는 최고의 영양소들이 건강한 아이로 성장하는 데 중요한 디딤돌이 됩니다.

둘, 신선한 재료를 이용한 음식을 먹이세요!

가능하면 신선한 재료를 사용한 이유식을 먹이는 것이 좋아요. 신선한 재료로 만든 이유식을 먹으며 자란 아이들은 유아기가 되어서도 어려서 먹었던 맛에 이미 길들여진 상태라 몸에 좋은 재료로 만든 음식을 친숙하게 받아들일 수 있어요.

셋, 적게 먹이는 습관을 들이세요!

아이들의 위장은 아이들이 주먹을 쥐었을 때 정도의 양을 받아들일 정도로 아주 작아요. 하지만 식당에서 나오는 1인분의 음식은 양이 너무 많아서 아이들이 자신도 모르게 폭식을 하게 만든답니다. 소식함으로써 아이들의 위장에도 평온함을 주고 먹는 즐거움을 주는 것이 아주 중요하답니다.

넷, 다음의 3가지 첨가물이 들어간 식품은 절대 안 돼요!

고과당 콘 시럽(High-Fructose corn syrup)
경화유 트랜스 지방-변형지방(Hydrogenated oils of trans fat)
식용 색소 파란색 #1 / 노란색 #5 / 빨간색 #50

요즘에는 아이들 주스나 간식거리에도 많은 주의가 필요한 것 같습니다. 저희들이 모르고 있었던 고과당 옥수수 시럽이나 트랜스 지방, 그리고 식용 색소가 들어 있는 아이들의 간식을 오래된 제품회사니까 믿을 수 있겠지 하는 생각으로 사는 분들이 많이 있어요.

이제부터는 아이들 주스나 간식을 구입할 때 위의 3가지 첨가물이 들어가 있는지 아닌지를 꼭 확인하고 구매하세요. 그러면 우리 아이들이 위험한 음식에 노출되는 것을 90%는 방지할 수 있어요.

미국에서 지금 이 순간에도 판매되고 있는 세계적인 과자회사인 크래프트(Kraft) 사의 '오레오 쿠키'를 모두 알고 계시지요? 저도 어렸을 적에 바삭바삭한 검정 쿠키 사이로 부드럽게 발라진 하얀 크림을 먼저 다 긁어 먹고 쿠키를 우유에 찍어 얼마나 많이 먹었는지 모릅니다.

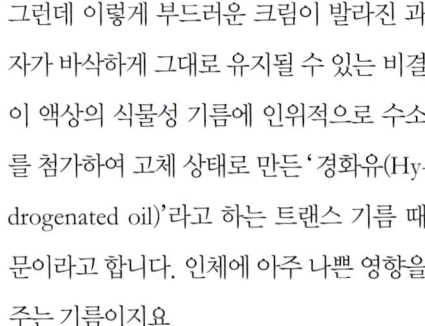

그런데 이렇게 부드러운 크림이 발라진 과자가 바삭하게 그대로 유지될 수 있는 비결이 액상의 식물성 기름에 인위적으로 수소를 첨가하여 고체 상태로 만든 '경화유(Hydrogenated oil)'라고 하는 트랜스 기름 때문이라고 합니다. 인체에 아주 나쁜 영향을 주는 기름이지요.

경화유와 식물성 기름을 튀길 때 발생하는 트랜스 지방은 아이들의 간식거리에 아주 많이 숨어 있어요. 과자, 도넛, 빵, 사탕, 마가린, 패스트푸드 등에는 값싸고 음식의 유통기한이 오래 지속될 수 있는 기름을 쓴답니다. 이렇게 트랜스 지방과 경화유가 많이 들어간 음식이 체내에 들어오면 독성물질로 변해 신진대사도 떨어지고 심장병 및 당뇨병 등 여러 성인병을 초래할 수 있습니다. 하지만 지방이 모두 다 나쁜 것은 절대 아니에요. 지방은 우리 몸에서 없어서는 안 될 아주 중요한 에너지원이자 세포 형성에 아주 중요한 요소입니다. 몸에 좋은 동물성 지방과 식물성 지방을 적당히 섭취하고 필요 없는 트랜스 지방이 들어간 음식은 자제할 수 있도록 부모인 저희들이 노력해야 합니다.

다섯, 성장에 도움이 되는 균형 잡힌 음식을 주도록 노력하세요!

아이들이 먹는 음식을 매일같이 단백질은 몇 그램, 탄수화물은 몇 그램 하며 모든 영양소의 칼로리를 정확하게 다 따져서 먹이기란 현실적으로 너무 힘이 듭니다. 그럼, 이렇게 생각해 보세요. 매 끼니마다 복합 탄수화물(잡곡밥 등의 곡식류)을 기본으로 해서 그 위에 뼈와 근육을 튼튼하게 해주는 단백질(생선, 두부, 육류)은 밥의 반 정도, 배변 훈련을 도울 수 있는 섬유소(채소)는 밥과 같은 양 정도로 밥상을 차려주면 좋습니다. 아이들이 밥 한 공기를 먹는다면 밥의 반 공기의 양을 단백질로 채워주고 밥과 같은 양의 샐러드나, 김치, 나물, 채소 또는 과일로 필요한 섬유소, 무기질, 비타민 등을 섭취할 수 있도록 구성하면 편하실 거예요.

밥 : 단백질 : 채소 = 1 : $\frac{1}{2}$: 1

여섯, 부모가 모범이 되어야 합니다!

아이들의 첫 번째 모방 대상은 바로 부모입니다. 부모가 바른 식생활 습관을 가지고 있으면 아이들도 당연히 따라오게 되어 있어요. 하다못해 군것질을 할 때 과자가 아닌 견과류나 콩, 고구마, 과일 말린 것들을 오물오물 씹으면 아이들도 함께 따라 먹는다고 할 거예요. 하지만 요즘은 맞벌이 가정이 많아서 가족이 한자리에 모이는 게 쉬운 일이 아니죠. 이럴 때는 육아에 가장 많은 시간을 할애하는 사람이 아이와 좋은 식사시간이 될 수 있도록 최선을 다해야 합니다. 먹는 시간이 즐겁다고 아이가 생각할 수 있도록 노력하면 좋은 식탁 예절을 배울 수 있을 것입니다. 또한 아이들의 손이 가장 잘 닿는 곳에 항상 좋은 간식들을 놓아보세요. 그럼, 여기 지나가다 한 번 먹고 저기 지나가다 한 번 먹는 식으로 좋은 간식을 수시로 먹게 되어서 신진대사 또한 활발해질 수 있답니다.

일곱, 잔소리는 No! 좋은 음식을 선택할 수 있는 기회를 만들어주세요!

아이들에게 먹고 있는 음식이 나쁘니 먹지 말라고 계속 핀잔을 주면 더 먹을 거예요. 아이들은 엄마가 먹으려고, 또 아빠가 혼자 먹으려고 나보고 먹지 말라고 하는구나 하고 생각을 해요. 그럴 때는 여러 가지 음식을 놓고 아이가 선택할 수 있는 기회를 주면 좋습니다. 그리고 지금 먹고 있는 음식이 왜 나쁜지 아이에게 책이나 제스처가 섞인 재미있는 이야기를 통해 묻고 답하는 연습을 하세요. 아이가 대답할 수 있는 기회를 주면 아이의 머릿속에 자연스레 이 이야기가 남아 그 음식을 달라고 하지 않을 것입니다.

여덟, 좋은 간식거리로 채워놓으세요!

여러분의 찬장에는 무엇으로 가득 채워져 있나요? 간혹 엄마, 아빠 둘만의 오붓한 시간을 위해 맥주와 함께 먹으려는 새우깡부터 시작해서 초코파이 등 여러 과자, 사탕, 라면과 같은 간식들로 가득 채워져 있지는 않은가요? 그렇다면 아이들이 보이지 않는 곳에 숨겨놓았다가 아이들이 잘 때 몰래 드세요. 그리고 부모님이 아이들에게 권하고 싶은 간식거리가 있다면 예쁜 봉투나 아이들이 좋아하는 캐릭터가 그려진 봉투에 포장해서 찬장을 잔뜩 채워놓아보세요. 아이들이 "어! 엄마, 여기 슈퍼맨 과자야" 하면 "응. 그걸 먹으면 힘도 세지고 멋있어진대"라고 말해주면 엄마가 만든 간식을 좋아하는 튼튼하고 예쁜 아이로 자랄 거예요.

아홉, 새로운 음식을 주세요!

먹을 것을 사냥하던 시절에는 처음 보는 음식물에 독이라도 들어 있지 않나 하는 두려움 때문에 새로운 음식 먹기를 상당히 꺼려했지만 문명이 발달하면서 그러한 위험은 우리 식탁에서 사라진 지 오래되었습니다. 아이가 2~3살이 되면 새로운 음식을 받아들이기 시작해요.

이 나이의 아이에게는 좋아하는 음식에 엄

마가 권하고 싶은 음식을 조금 묻혀서 줘보세요. 그러다가 조금씩 양을 늘려가면 좋답니다. 아기가 안 먹는다면 한 스푼씩 천천히 주고, 절대 강요하지 마세요. 아니면 다음 식사 때까지 하루 이틀 있다 다시 시도하는 식으로 반복하면 안 먹는 음식이 점점 줄어들 겁니다.

열, 즐거운 식사시간이 되도록 하세요!
식사시간을 통해 아이들과 재미있는 이야기도 나누고 식탁에 올라온 재료들이 어떻게 만들어졌나, 어디에서 왔나 등의 이야기를 해보세요. 바다에서 우리 식탁까지 찾아온 꽁치 아저씨와 땅에서 난 '감자돌이' 등 상상의 날개를 펼칠 수 있도록 말이지요. 이렇게 재미있는 식사시간을 만들어주는 것

도 아이가 편식하는 음식 없이 아무 음식이나 잘 먹을 수 있도록 도와주는 하나의 방법입니다.
또 작은 일이라도 엄마가 음식 만드는 일을 거들도록 해주세요. 소금을 친다거나, 깨소금을 넣어준다거나, 물을 따라준다거나, 밀가루 반죽을 하는 등 아이 또한 일을 도와줌으로써 성취감을 얻을 수 있답니다. 자신이 도와준 음식은 맛이 없어도 먹는 것이 우리 아이들이랍니다.

03

편식 예방 부엌 놀이

아이들이 2살 반 정도가 되면 "엄마 나도 해볼래" "내가 내가" 하며 엄마가 부엌일을 할 때 보채기 시작합니다. 이때는 "위험하니까 밖에 나가 있어"라며 꾸중하지 말고 아이들도 한번 해볼 수 있는 쉬운 일거리를 찾아주세요. 엄마가 하는 일을 거들어주고 자신이 했다는 성취감을 심어주는 것은 상당히 중요하답니다.

또한 아이가 엄마의 식사를 도와줄 때 "이건 우리 글렌이 만든 빵이네" "우와! 너무 맛있다" "엄마보다 더 잘하는걸" "글렌도 한번 먹어봐" "맛있지" 하고 칭찬해주면 어떤 음식이든 아이는 잘 먹게 된답니다. 이는 편식을 물리칠 수 있는 좋은 방법이죠.

우리 아이는 2살이에요!

• 식탁 닦기 • 음식 재료나 기타 가벼운 식기 나르기 • 쓰레기 버리기 • 상추나 깻잎 손으로 자르기 • 요리책 보면서 책장 넘겨주기 • 과일이나 채소로 얼굴 만들기 • 채소나 과일 씻기 • 엄마랑 함께 빵에 잼 바르기

우리 아이는 3살이에요!

• 샐러드 만들기 • 엄마와 음식 재료에 대해서 이야기하기 • 감자나 고구마 으깨기 • 오렌지즙이나 레몬즙 내기 • 달걀 풀기, 팬케이크 가루 젓기 • 밀가루 반죽하기 • 음식 재료 이름 맞히기 • 피자 만들기

우리 아이는 4살이에요!

• 삶은 달걀 껍질이나 과일 껍질 까기 • 식탁 세팅하기 • 달걀 깨기 • 엄마가 음식 만들 때 거들기(김을 예쁘게 접시에 놓기) • 밀가루와 같은 재료의 양 재기 • 무침할 때 엄마와 함께 장갑 끼고 함께 무쳐보기

우리 아이는 5살이에요!

• 엄마의 주의하에 여러 주방용품 다루기 • 날카롭지 않은 칼로 멜론 잘라보기 • 엄마와 함께 달걀 부쳐보기

NewYork Style Dining Table

Part 02.

우리 아이 하루
필수 영양소와 양

01

**하루 기준
식단 피라미드**

미국 농무부에서 기준으로 한 하루 열량 섭취 권장량

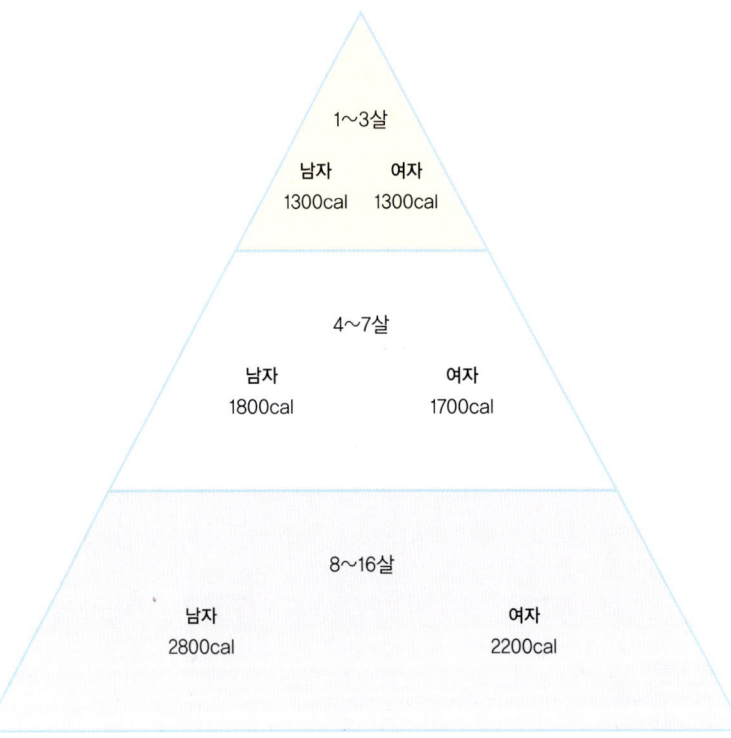

1~3살
남자   여자
1300cal   1300cal

4~7살
남자   여자
1800cal   1700cal

8~16살
남자   여자
2800cal   2200cal

02

어린이와 아동의 하루 필수 칼로리 및 영양소 권장량

아래 차트는 식품영양국립과학기구(Food and Nutrition Board of the National Academy of Science National Research Council)에서 발췌한 어린이와 아동의 하루 칼로리 및 영양소 권장량입니다.

나이	키(in)	몸무게(lbs)	칼로리(cal)	단백질(g)	비타민 A(RE)	비타민 D(MCG)
				남자/여자	남자/여자	남자/여자
1~3살	35(in)=99cm	29(lbs)=13kg	1300	16	400	10
4~6살	44(in)=111(cm)	44(lbs)=2kg	1800	24	500	10
7~10살	52(in)=132(cm)	62(lbs)=28(kg)	2000	28	700	10

비타민 E(MG)	비타민 C(MG)	니아신(MG)	티아민(MG)	리보플라빈(MG)	엽산(MCG)	비타민 B6(MG)
남자/여자	남자/여자	남자/여자	남자/여자	남자/여자	남자/여자	남자/여자
6	40	9	0.7	0.8	50	1.0
7	45	12	0.9	1.1	75	1.1
7	45	12	1.0	1.2	100	1.4

비타민 B12(MCG)	칼슘(MG)	철분(MG)		인(MG)	
남자/여자	남자/여자	남자	여자	남자	여자
0.7	800	10	10	10	10
1.0	800	15	10	10	10
1.4	1200	10	10	10	10

다음은 앞의 도표를 이해하기 위한 참고 정보입니다.

● 탄수화물

곡식류에 많이 들어있는 복합 탄수화물(좋은 탄수화물: 잡곡밥, 현미, 감자, 고구마, 밀, 오트밀 등)과 단순 탄수화물이 있습니다. 이 복합 탄수화물을 섭취했을 때는 지방으로 빨리 변하지 않고 소화가 더뎌서 아이들이 오랫동안 포만감을 느낄 수 있습니다. 따라서 다른 군 것질거리를 생각하지 않게 할 수 있으며 열량도 많이 내기 때문에 활동량이 많은 유아와 어린이들에게는 꼭 필요한 영양소 중 하나입니다.

문제는 단순 탄수화물(정제 탄수화물: 사과 주스, 포도 주스, 과일 펀치 등의 과일 주스, 초콜릿, 사탕, 과자, 껌 등)인데 이 단순 탄수화물은 소화가 쉽게 되고 혈당을 빠르게 높여 인슐린 분비를 자극하여 당이 지방으로 쉽게 바뀌게 합니다. 단것을 많이 먹는 아이들은 인슐린 저항성이 약해져 소아당뇨에 걸리기 쉬운 상태가 됩니다. 또한 이처럼 빈껍데기뿐인 고당질의 단순 탄수화물을 많이 먹게 되면 인슐린이 과잉 분비되어서 저혈당이 되므로 갑자기 배가 고프다고 느껴서 아이들이 '배고파'라는 뇌의 신호를 받고는 밥보다는 순간 배고픔을 달랠 수 있는 사탕을 먹으려는 거예요. 이렇게 단순 탄순화물은 인체에 도움이 되지 않는 당이니 가끔 사탕과 초콜릿 한두 개 정도만 주고 그 이상은 아이들이 먹지 않도록 주의해주세요.

● 단백질

육류나 생선, 두부, 콩 등에 많이 들어 있어요. 단백질은 열을 가하면 영양소가 줄어듭니다. 단백질 안에 있는 탄수화물과 당분이 수분으로 빠져 나오며 고기는 팽창하고 당분과 탄수화물이 결합하면 고기는 맛깔스런 갈색으로 변합니다. 그리고 고기를 고열에 오랫동안 익히게 되면 고기 속에 들어 있는 중요한 지방산이 파괴되면서 아주 고약한 독성까지 형성된다고 합니다. 그러니 이제부터는 고기 드실 때 덜 익은 게 싫다고 뜨거운 불에 너무 오랫동안 익히지 마세요.

● 비타민 A와 D

튀기거나 장시간 굽지만 않으면 영양소 파괴가 그리 심하게 일어나지 않습니다. 비타민 A는 동물성과 식물성으로 나뉘는데 동물성은 우유, 버터, 달걀노른자 등에 많이 들어 있고 식물성은 시금치, 브로콜리, 호박 등 녹색과 적황색 채소에 들어 있어요.

그리고 비타민 D는 비타민 A를 먹었을 때 자외선을 쬐면 피부에서 합성됩니다. 비타민 D의 섭취를 위해 적당한 일광욕은 꼭 필요하겠죠? 참고로 너무 자외선 차단제를 많이 바르면 아이에게 적당히 필요한 햇빛 노출이 안 돼서 비타민 D가 결핍될 수도 있답니다.

● 비타민 B1(티아민)

비타민 B1은 탄수화물의 흡수를 높여주고 신경기능을 활성화시키는 데 필수적이지만 티아민의 20~50%는 조리할 때 거의 파괴됩니다. 전곡, 현미, 콩, 돼지고기 등에 많이 들어 있어요.

● 비타민 B2(리보플라빈)

수용성 비타민 중의 하나인 비타민 B2 또한 강한 열에는 다소 안정적이나 자외선을 받으면 파괴됩니다. 유리병에 든 우유를 빛에 노출하면 비타민 B2가 산화되어 파괴되기 때문에 빛이 투과되지 않는 용기에 담긴 우유를 골라야 합니다. 유제품, 육류, 달걀, 시금치, 채소, 쇠간, 표고버섯, 장어, 녹차, 고추, 파슬리, 둥굴레차 등에 많이 들어 있어요.

● 엽산과 비타민 B12

압력솥으로 조리할 때, 구울 때 그리고 튀길 때 가장 많이 손실됩니다. 시금치, 간, 두유, 푸른 채소, 과일, 달걀 등에 많이 들어 있습니다.

● 칼슘 및 기타 무기질

칼슘 함량이 많은 음식에는 요거트, 치즈, 정어리, 칼슘이 강화된 오렌지 주스, 두부, 연어, 녹황색 채소 등이 있으며 무기질도 어느 정도는 열에 의해 파괴됩니다. 무기질은 대부분 모든 동물성 식품에 함유되어 있으며 과일과 채소에도 풍부하게 들어 있어요.

● **철분**

철분이 많이 함유된 식품으로는 소고기, 닭고기, 양고기, 송아지 고기, 해산물(굴, 조개, 새우, 참치) 등이 있고 채소로는 토마토 페이스트, 감자, 보리, 호박, 콩 등이 있습니다.

● **비타민 C**

대부분의 과일과 채소에 많이 들어 있어요. 비타민 C는 산소에 의해 가장 많이 파괴되며 열을 가해 조리할 때 10~60% 정도가 파괴됩니다. 그리고 오렌지 주스보다는 신선한 오렌지 1개를 아침 식사 때 먹는 것이 더 좋아요. 그러면 피가 맑아져요.

03
우리 아이의
하루 필요 섭취량

아이들은 성별, 키, 몸무게, 활동량에 따라 하루 필요한 열량이 조금씩 차이가 있어요. 아래 도표는 아이들이 섭취해야 하는 하루 기준 섭취량입니다.

● 곡식군

종류	곡식군	채소군	과일군	유제품	고기&콩
3~4살 (하루 운동량 60분 이상일 경우)	5온스	1½컵	1½컵	2컵	4온스
5살 (하루 운동량 60분 이상일 경우)	5온스	2컵	1½컵	2컵	5온스

탄수화물은 5대 영양소 중의 하나로 우리들이 항상 섭취하는 곡식류인 복합 탄수화물과 과일, 주스, 설탕 등의 단순 탄수화물로 나뉩니다. 성장기 아이들에게 있어서는 양질의 복합 탄수화물(잡곡밥)을 섭취함으로써 에너지를 발산할 수 있도록 하고, 다른 영양소들을 제대로 흡수하고 도와주는 역할을 하는 중요한 영양소 중의 하나입니다. 탄수화물이 부족하면 기력은 물론 집중력이 떨어져 괜한 투정을 부리는 아이들이 더러 있어요. 매 끼니마다 식사의 60%는 좋은 잡곡이나 통밀로 된 다소 거친 잡곡으로 탄수화물을 섭취할 수 있도록 식단을 짜면 몸도 마음도 건강한 아이로 자라날 거예요.

좋은 탄수화물

나쁜 탄수화물

[곡식군의 예]

성장기 어린이들은 하루 6~11인분의 곡식군 식품을 매일 섭취해야 합니다.

종류	인분(Serving)	그램(g)당 총 지방의 함량
식빵 1조각	1	1
햄버거 빵 1개	2	2
또띠아 1장	1	3
쌀 또는 파스타 ½컵	1	미량
시리얼 1온스	1	미량
팬케이크 2장	2	3
크로와상 큰 것 1개	2	12
도넛 1개	2	11
데니쉬 빵 1개	2	13
케이크 또는 생크림 케이크 1조각	1	13
쿠키 2개	1	4

Q: 미국 계량법인 1온스는 어느 정도인가요?

A: 식빵 1장, 쌀밥 또는 익힌 파스타 ½공기, 시리얼 1컵에 해당하는 정도예요. 하루 쌀밥 세 끼와 식빵 또는 다른 고구마나 감자를 간식으로 섭취했을 경우 곡식군 5온스에 해당하는 탄수화물을 섭취한 것과 같습니다.

• 좋은 탄수화물을 먹으면(곡식류로 만든 잡곡밥, 빵 등) 배가 불러서 포식하지 않는다.

- 충분한 에너지를 공급하여 힘이 난다.
- 두뇌활동이 빨라진다.
- 면역성이 높아진다.
- 날씬해진다.

조앤의 한마디!

좋은 탄수화물은 좋은 사고를 할 수 있도록 도와주고 슈퍼맨처럼 힘이 세져요!

- 정크 탄수화물을 먹으면(과자, 쿠키, 사탕 등) 많이 먹어도 배가 고파서 계속 먹게 된다.
- 무기력하게 만든다.
- 두뇌활동이 희미해진다.
- 면역항체가 낮아 자주 아프다.
- 뚱뚱해지고 자꾸 같은 음식만 먹게 된다.

조앤의 한마디!

나쁜 탄수화물을 먹으면 항상 배고프고 쉽게 피곤하며 자주 아파요!

- **채소군**

다양한 채소에는 많은 비타민과 무기질이 들어 있어 성장하는 아이들에게는 필수 식품입니다. 하지만 아이들 대부분 채소를 싫어하여 골라냅니다. 집에 작은 정원을 꾸며 방울토마토나 고추, 피망 등을 심어보세요. 채소가 자라는 모습을 관찰하며 엄마와 직접 요리를 하면서 재미도 느끼고 자신이 직접 음식을 만들었다는 성취감에 채소를 싫어하던 아이들도 잘 먹게 된답니다.

성장기 어린이들은 하루 2~4인분의 채소를 매일 섭취해야 합니다.

종류	인분(Serving)	그램(g)당 총 지방의 함량
데친 채소 ½컵	1	미량
생이파리 채소 1컵	2	미량
생채소 ½컵	1	미량
감자 ½컵	1	4
감자 샐러드 ½컵	1	8
감자튀김 10g	2	8

Q: 1컵이란 어느 정도인가요?

A: 일반적으로 1컵이란 데친 채소나 생채소를 꾹 눌러 1컵을 만든 양이며, 주스는 1컵, 생이파리 채소는 2컵에 해당하는 양을 말합니다.

● 과일군

과일도 채소 못지않게 다양한 비타민과 무기질이 포함되어 있어 하루 필요한 양을 꼭 섭취하는 것이 좋습니다. 또한 과일에 들어 있는 당은 아이들이 좋아하는 단맛을 충족시켜 주기 때문에 사탕이나 쿠키, 과자보다 훨씬 몸에 좋다는 것은 이미 알고 계시겠죠?
신선한 과일이나 냉동과일, 말린 과일 등 다양한 종류의 과일을 먹을 수 있도록 부모가 도와주고 주스는 가급적이면 주지 마세요. 그게 아이의 건강에 좋습니다. 주스 1컵에는 신선한

과일 1컵에 들어 있는 섬유소가 없습니다. 따라서 3~5살 사이의 아이에게는 하루 ½컵에서 ¾컵(4~6온스) 정도만 주세요. 반드시 고과당 옥수수 시럽이 들어 있는지 확인하세요. 주스를 너무 좋아하는 아이라면 100% 생과일 주스를 주세요. 그리고 주스를 구입하기 전에

[과일군의 예]

성장기 어린이들은 하루 2~4인분의 과일을 매일 섭취해야 합니다.

종류	인분(Serving)	그램(g)당 총 지방의 함량
생과일 1개	1	미량
생과일 또는 캔에 든 과일 ½컵	1	미량
과일 주스 또는 무가당 주스 ¾컵	1	미량
아보카도 ¼조각	1	9

● 유제품

우유나 우유로 만든 낙농 유제품(요거트, 치즈 등)은 튼튼한 뼈와 근육을 만드는 데 아주 중요한 역할을 합니다. 아이들이 적게는 2살 반에서 3살이 되면 저지방 우유를 먹는 것이 몸에 더 좋다고 미국 농무부 식약청에서 발표하고 있답니다. 저지방 우유는 보통 우유에 들어 있는 칼슘과 비타민 D가 똑같이 함유되어 있기 때문에 지방 함량이 많은 우유를 먹어서 필요 없는 칼로리를 섭취하지 않아도 된답니다. 그리고 포화지방이 많은 음식일수록 콜레스테롤 수치를 높이기 때문에 저지방 우유 또는 지방 1%의 우유를 주는 게 좋습니다.

[유제품의 예]

우리 아이의 유제품 하루 기본 섭취량

나이	남자	여자
2~3살	2컵	2컵
4~8살	2컵	2컵
9~13살	3컵	3컵
14~18살	3컵	3컵

성장기 어린이들은 하루 2~4인분의 유제품을 매일 섭취해야 합니다.

종류	인분(Serving)	그램(g)당 총 지방의 함량
무지방 우유 1컵	1	미량
무지방 요거트 8온스	1	미량
저지방 우유 1컵	1	5
생우유 1컵	1	8
초콜릿 우유 2%, 1컵	1	5
저지방 요거트 1컵	1	4
가공된 치즈 2온스	1	18
모차렐라 치즈 $1\frac{1}{2}$온스	1	7
커타지 치즈 $\frac{1}{2}$컵	$\frac{1}{4}$	5
아이스크림 $\frac{1}{2}$컵	$\frac{1}{3}$	7
우유 $\frac{1}{2}$컵	$\frac{1}{3}$	3
요거트 아이스크림 $\frac{1}{2}$컵	$\frac{1}{2}$	2

● 단백질

단백질은 우리 몸의 성장과 유지, 면역계와 호르몬계의 원활한 작용과 체액조절 및 두발, 피부, 근육, 뇌의 기능 유지, 영양소 저장 등 필수적인 고유 기능을 하는 아주 중요한 요소 중 하나입니다.

단백질은 고기, 생선, 콩, 견과류, 곡식 등에 들어 있습니다. 아미노산의 작은 분자들이 결합된 단백질은 우리몸 안에서 저절로 만들어지기도 하지만 식품을 통해 섭취해야 하는 것도 있기 때문에 단백질의 섭취는 성장기 어린이들에게 없어서는 안 될 중요한 영양소이지요.

생선(연어, 송어, 청어)이나 해산물, 푸른 잎채소, 카놀라유 등에는 오메가3 지방산(Omega3 fatty acid)이 많이 함유되어 있는데 이를 일주일에 두 번 정도 섭취하면 심혈관 질병으로 인한 사망을 예방할 수 있다는 보고가 있습니다. 특히 성장기 어린이게 일주일에 한두 번 정도 오메가3 지방산이 많이 함유된 생선(연어, 등 푸른 생선)을 주면 성장 발달에 큰 도움이 됩니다.

호두, 잣, 땅콩, 호박씨, 헤이즐넛, 마카데미안 넛 등의 견과류에 들어 있는 필수지방산은 아이가 정상적으로 발달하는 데 꼭 필요한 영양소인데, 오직 음식을 통해서만 얻을 수 있으므로 각별히 신경 써야 합니다. 간혹 견과류가 아이들의 아토피나 알레르기를 유발할지도 모른다는 걱정 때문에 식단에서 제외하는 분들이 계신데, 이럴 때는 의사 선생님과 꼭 상담하세요. 어떤 것을 아이가 먹어도 탈이 나지 않는지 말이에요. 앞서 말했듯이 필수지방산은 음식을 통해서 얻을 수 있기 때문에 필수지방산의 불균형이 일어나지 않도록 주의해주세요.

단백질은 얼마나 섭취해야 할까요?

우리 아이의 단백질 하루 기본 섭취량

	남자	여자
2~3살	2온스	2온스
4~8살	3~4온스	3~4온스
9~13살	5온스	5온스
14~18살	6온스	5온스

[단백질의 예]

성장기 어린이들은 하루 2~3인분의 단백질을 매일 섭취해야 합니다.

종류	인분(Serving)	그램(g)당 총 지방의 함량
기름 없는 소고기, 돼지, 닭고기, 생선	3온스	6
간 소고기	3온스	16
닭튀김	3온스	13
햄 2장	1온스	16
견과류 ⅓컵	1온스	5
콩 ½컵	1온스	미량
땅콩잼 2Tbs	1온스	16
달걀 1개	1온스	22

일반적으로 1온스에 해당하는 단백질(고기 또는 생선)의 양은 밥 숟가락으로 6스푼(30ml) 정도에 해당합니다. 콩 $\frac{1}{4}$컵, 달걀 1개, 땅콩잼 1Tbs, $\frac{1}{2}$온스 견과류가 1온스에 해당하는 단백질의 양입니다.

조앤의 한마디!

연어를 많이 먹으면 여러 질병으로부터 보호돼요!

● 기름: 지방

기름이란 실온에 있을 때 액상의 형태를 띤 것을 말합니다. 일반적으로 많이 사용하는 식용유나 참기름 같은 것을 기름이라 하지요. 기름은 참기름처럼 맛을 낼 때 주로 사용하는 것도 있고 음식을 조리하기 위해 사용하는 것도 있답니다. 식물성 기름이나 견과류 기름에는 단일 불포화지방산이 많이 함유되어 있고 포화지방은 아주 적게 들어 있습니다.

특히 식물(올리브유)이나 견과류(호두, 아몬드, 헤이즐넛, 호박, 참깨 등)로 만든 기름은 불포화지방산으로 구성되어 있지만 정제된 식물성 기름(옥수수, 콩)이나 육류에 붙어 있는 나쁜 포화지방은 가짜 지방으로(경화유처럼 액상인 기름에 수소를 첨가해서 만든 인조 기름을 저는 가짜 지방으로 지칭했어요. 또한 버터의 짝퉁인 마가린도 '가짜 버터'라는 의미에서 가짜 지방이라 기재하였습니다.) 이를 많이 섭취하게 되면 비만, 심장병, 중풍, 동맥경화 등의 질환을 유발한다고 합니다.

그렇다고 해서 기름을 식단에서 완전히 다 제거하면 안 되겠죠? 기름이 인체에 다 나쁜 것은 절대 아니에요. 예를 들어 나쁜 포화지방(육류나 유제품 등)도 있지만 모유 속에 많이 함유되어 있는 라우스산(Lauric Acid)처럼 필수적인 포화지방산이 있는데 이 포화지방산은 우리 뇌와 세포막에 꼭 필요한 지방이랍니다. 라우르산은 엑스트라 버진 코코넛 오일과 코코넛, 우유 등에 많이 들어 있어요. 한창 성장하는 어린이들의 뇌세포 형성과 기타 장기들이 튼튼하게 자라려면 양질의 지방도 꼭 필요합니다.

신체에 유익한 지방(불포화지방)이 풍부한 음식을 섭취할 수 있도록 식단을 짜주세요. 그리고 가능하면 천연 재료를 사용하는 것이 음식의 맛과 풍미를 더해주고 건강에도 더 이롭다는 사실을 잊지 마세요!

우리 아이의 하루 기름 섭취량

나이	남자	여자
2~3살	3Tsp	3Tsp
4~8살	3~4Tsp	3~4Tsp
9~13살	5Tsp	5Tsp
14~18살	6Tsp	5Tsp

[지방군의 예]

방(기름)은 하루 총 섭취하는 영양소 그룹에서 30%를 넘지 않도록 주의하세요. 예를 들어 1600cal를 섭취할 경우 53g 또는 이보다 적은 양의 지방을 섭취하는 것이 좋으며, 2200cal를 섭취할 경우 73g 정도의 지방을 매일 섭취하는 것이 좋아요.

지방의 종류	그램(g)당 총 지방의 함량
버터 1Tsp	4
마요네즈 1Tsp	7
사워 크림 2Tsp	6
크림 치즈 1온스	10
초콜릿 1온스	9

• 칼슘

칼슘은 무기질(미네랄)로서 성장기 아이들의 뼛속에 들어 있으며 하루 500mg에서 800mg 이 필요합니다. 요즘에는 많은 어린이 식품에 칼슘이 강화되어 나오기 때문에 아이들이 쉽게 칼슘을 섭취할 수 있지요. 이렇게 칼슘이 첨가된 음식물을 섭취함으로써 하루에 필요한 칼슘의 양을 보충할 수도 있으며 칼슘이 들어간 신선한 재료들을 요리에 사용함으로써 보충시켜 줄 수 있습니다. 성장기의 칼슘 섭취는 성인이 되었을 때 골다공증을 예방하기 때문에 반드시 섭취해야 하는 무기질 중 하나입니다.

[칼슘의 예]

아이들에게 필요한 하루 칼슘의 양은 800mg입니다. 아이들이 청소년기로 넘어가면서부터는 1200mg으로 칼슘의 양을 늘려야 합니다.

종류	인분(Serving)	칼슘 함량
생우유, 저지방 우유	1컵	300mg
콩	½컵	113mg
데친 브로콜리	½컵	35mg
생브로콜리	1컵	35mg
체다 치즈	½온스	300mg
저지방 요거트	8온스	300mg

37

칼슘이 강화된 오렌지 주스	1컵	300mg
오렌지 한 개	1	40~50mg
고구마 작은 것 한 개	$\frac{1}{2}$컵	44mg

● 철분

철분도 성장기 아이들에게 없어서는 안 될 중요한 무기질 중의 하나이며 아이들의 근육과
피를 만들어주는 역할을 합니다. 철분이 부족하게 되면 아이들이 빈혈에 걸리기 쉽고 뇌에
산소를 전달하는 적혈구의 생성이 어려워져 뇌가 제대로 자라지 않고 성숙하지 못해 학업
에 지장을 줄 수 있어요.
대체로 6살까지의 아이들에게 필요한 하루 철분양은 10mg으로 철분이 많이 함유된 식품
을 섭취하고 또 철분이 강화된 음식을 먹을 수 있도록 신경써야 합니다.
철분이 풍부한 음식은 다음과 같습니다.

● 단백질 및 유제품: 소고기, 닭고기, 돼지고기, 생선, 달걀노른자, 간, 우유, 치즈
● 녹황색 채소: 브로콜리, 시금치, 강낭콩, 깨, 팥, 잣, 버섯, 호박, 토마토 주스
● 견과류와 과일: 땅콩, 호두 등 모든 견과류와 건포도 등

철분의 흡수를 도와주는 음식에는 레몬, 귤, 토마토, 피망, 딸기, 케일, 갓, 근대, 무청, 연근
등 비타민 C가 풍부한 음식들은 모두 철분의 흡수를 높여줍니다.

[철분의 예]
철분 또한 성장기 어린이와 청소년 그리고 어른에게도 필요한 중요한 무기질 중의 하나입니
다. 성장기 어린이는 하루 10mg 정도의 철분을 섭취해야 하며 성인 남성은 하루 12mg, 여성

은 하루 12mg을 매일 섭취해야 합니다. 육류나 생선을 통해 섭취하는 철분 함량이 상당히 크기 때문에 성장기 어린이는 양질의 인공 성장 호르몬(rBGH)을 투여받지 않은 고기를 섭취하는 것이 좋아요.

종류	인분 (Serving)	칼슘 함량
햄버거 고기	3온스	2.7mg
저지방 스테이크	3온스	3mg
돼지고기	3온스	3.3mg
닭고기 검은살	3온스	2mg
닭고기 흰살	3온스	1mg
생선	3온스	1mg
땅콩버터	4Tsp	1.2mg
완두콩	$\frac{1}{2}$컵	2.1mg
찐 콩	$\frac{1}{2}$컵	3mg
통밀빵	2조각	1.4mg
건포도	$\frac{1}{2}$컵	2.1mg

● 아플 땐 아이스크림도 좋아요

아이스크림은 다른 간식에 비해 칼슘의 함량도 풍부하고 소화하기 쉬운 단백질과 소량의 비타민 A 그리고 비타민 B2(리보플라빈)가 들어 있어 미국에서는 아이들이 아플 때 자주 아이스크림을 줍니다. 단, 필요 이상으로 간식을 주면 아이스크림에 들어 있는 지방과 당분 때문에 영양의 불균형을 초래할 수 있기 때문에 항상 적당한 양을 섭취할 수 있도록 도와주세요.

아이스크림 ½컵에 들어 있는 영양소

종류	열량(cal)	지방	단백질(g)	탄수화물(g)	칼슘(mg)
바닐라 아이스크림	180	12	2	16	76
기타 아이스크림	125~150	6~8	2~3	16	73~93
무지방 요거트 아이스크림	80	0	4	16	79
초콜릿 셰이크	100	3	3	16	112
과일 셔벗	123	0	미량	30	0
바닐라 셰이크	90	3	2	15	88
유지방 셔벗	135	2	1	29	52

*여러 맛과 아이스크림에 들어간 재료에 따라 열량이 높아질 수 있습니다.

미국 하버드 의대 소아과 의사가 권장하는 12가지 슈퍼푸드(성장푸드)

1. 아보카도	2. 콩	3. 블루베리
4. 달걀	5. 아마씨(flaxseed)	6. 견과류
7. 오트밀	8. 연어	9. 시금치
10. 두부	11. 토마토	12. 유기농 요거트

이외에도 브로콜리, 파파야, 자몽, 유기농 닭고기, 올리브유, 오렌지, 고구마도 아주 좋은 성장 식품에 속하며 채소와 과일은 모두 좋습니다.

NewYork Style Dining Table

Part 03.

뉴욕맘 조앤의
요리 노트

01. 장보기 팁

■ **하나,** 메모지를 부엌 찬장에 붙여 놓으세요!

냉장고나 찬장같이 엄마의 눈높이에 장보기 리스트를 항상 붙여놓습니다. 아이를 낳고 나이가 들다 보니 지금 막 생각한 것도 잊을 때가 한두 번이 아니지요. 항상 생각날 때마다 그때그때 메모해두는 버릇을 들이는 것이 좋아요.

■ **둘,** 아이와 함께 신선한 채소와 과일을 먼저 고르세요!

아이가 어렸을 적부터 엄마와 함께 장을 보는 습관을 들이는 것은 매우 중요해요. 여러 과일과 채소의 이름도 익히고 직접 현장 실습을 가는 것도 좋은 놀이 교육이 된답니다.

■ **셋,** 탄수화물은 반드시 통밀로 된 것을 고르세요!

통밀은 밀의 도정시 배아가 잘려나가지 않아 다소 거친 느낌이 들지만 생명의 씨앗이라고도 불리는 배아가 남아 있어 영양가를 그대로 흡수할 수 있는 좋은 곡식이에요. 하얗게 정제된 밀가루나 하얀 쌀은 아이들의 건강을 위해 서서히 줄이고 집에서 사용하는 밀가루나, 시리얼, 팬케이크 가루, 파스타나 스파게티 종류, 빵, 과자 등을 고를 때는 정제되지 않은 통밀로 갈아진 것을 구입하기 바랍니다.

■ **넷,** 고기를 고를 때는 될 수 있으면 유기농으로 사육된 것을 구입하세요!

빠른 생산을 위해 여러 환경 호르몬에 노출된 고기를 먹게 되면 그대로 체내에 쌓여 성인병을 유발할 수 있습니다. 다소 가격이 비싸더라도 유기농 고기를 구입하는 것이 아이들의 미래를 위하는 길이라 생각합니다. 아이의 건강이 돈보다 더 중요니까요.

■ **다섯,** 낙농 유제품을 고를 때도 가능하면 유기농과 무성장 호르몬이 들어 있지 않은 것을 선택하세요!

위와 마찬가지로 당연히 아이의 건강을 위해 좋겠죠? 그리고 아이가 3살이 넘으면 저지방 우유를 주어도 괜찮습니다. 요거트나 치즈를 구입할 때 저지방 또는 무지방 유제품을 선택하세요.

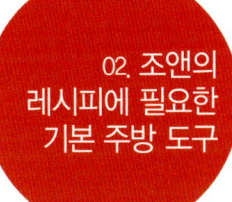
1. 계량스푼

쿠키, 파스타, 수플레 등 베이킹 요리에 주로 사용하는 스푼이에요. 계량스푼이 없을 때는 밥 숟가락으로 하나 반이 1스푼과 같은 양이에요.

2. 스퀴저

레몬즙이나 오렌지즙, 라임즙을 짤 때 사용하는 나무 스퀴저예요. 레몬즙 스퀴저가 없으면 포크를 반쯤 과육에 넣고 돌려주듯 꼭 짜면 됩니다.

3. 매셔

고구마나 감자 등의 재료를 으깰 때 사용합니다. 매셔가 없을 때는 포크나 손을 사용해도 좋아요. 재료가 뜨거울 때는 포크로, 조금 식었을 때는 손으로 해도 괜찮아요.

4. 강판

생강이나 마를 갈 때 사용하는 강판입니다.

5. 작은 체

밀가루를 체칠 때나 가루의 덩어리를 방지하기 위해 또는 레몬즙을 짜서 씨를 거를 때 사용하는 작은 체예요. 쿠키를 구워 파우더슈거를 뿌릴 때나 계피가루를 뿌려 모양을 낼 때도 사용하면 좋아요

6. 채칼

채소를 얇게 썰 때나 채를 썰 때 간편하게 사용할 수 있는 채칼입니다.

7. 튀김 기름용 온도계

튀김 기름의 온도를 잴 때 편하게 사용할 수 있는 온도계예요. 튀김 온도를 맞추는 것이 자신이 없는 분들에게는 편리한 도구입니다.

8. 페이스트리 커터기

밀가루 반죽을 자를 때나 페이스트리에 모양을 내며 자를 때 또는 피자를 자를 때도 편리하게 사용할 수 있는 작은 커터기예요.

9. 푸드 프로세서

주방에서 다지고, 채썰고, 갈고 하는 모든 일을 한 번에 빠르고 신속하게 할 수 있는 만능 커터기입니다. 김장 시 무를 썰 때, 만두 속을 만들 때, 동그랑땡을 만들 때, 크로켓을 만

들 때, 간 마늘을 갈 때, 또 이유식을 만들 때 너무 편리하고 쉽게 사용할 수 있는 주방의 만능 도우미입니다.

10. 실리콘 베이킹 스패출라

고온처리가 된 스패출라(spatula, 작은 주걱)예요. 뜨거운 프라이팬에서 부드럽게 오믈렛이나 스크램블을 만들 때나 믹서기에 음식을 갈고 난 후 옆에 붙어 있는 재료들을 하나도 남김없이 깔끔하게 긁어낼 때 아주 편리하게 사용할 수 있습니다.

11. 핸드블렌더

적은 양의 과일을 갈 때나 뜨거운 수프에 들어 있는 채소를 완전히 다 갈고 싶을 때, 토마토 건더기를 퓨레처럼 갈 때 사용할 수 있는 편리한 도구입니다. 수프나 주스처럼 수분의 함량이 많은 재료를 갈 때 사용하면 편해요. 생채소나 고기같이 물기가 없는 재료는 믹서기로 갈고 물기가 많은 재료는 푸드 프로세서로 갈면 편해요.

■ **자르기**

· 가늘게 채썰기

· 잘게 깍뚝썰기

· 채치기

■ **응용하기**

· 계량스푼 1Tbs = 밥 숟가락 $1\frac{1}{2}$ / 스퀴져 대신 포크로 짜기 / 매셔 대신 손으로 으깨기

04. 냉동해두면 편리한 재료들

· 간 고기 냉동보관법

맛있는 불고기나 질 좋은 소 등심 또는 돼지 등심, 닭고기 등을 구워 갈아서 냉동용 지퍼백에 넣어 얇게 펴서 보관하면 여러 음식에 사용할 수 있어요. 아기들 이유식에도 사용할 수 있고 또 고기를 안 먹는 아이들의 음식에 섞어주면 고기 특유의 질긴 단백질을 씹는 불편함을 덜어주기 때문에 수월하게 단백질을 섭취할 수 있습니다. 간을 하지 않은 고기를 갈아 사용할 때는 질 좋은 사태로 육수를 내서 육수는 이유식이나 다른 국 거리에 사용하고 남은 고기는 믹서기에 갈아 냉동보관했다가 이유식이나 다른 음식에 사용하면 좋습니다.

응용요리

알리오 올리오 청경채 불고기 떡볶이
Alio Oilo Rice Cake with Korean Bulgogi Powder

잘 달군 프라이팬 위에 구워 먹는 떡은 부담 없이 쉽고 간단하게 만들어 먹을 수 있는 간식이에요. 이태리 파스타 알리오 올리오처럼 마늘 향을 낸 올리브유에 볶아낸 쫄깃한 조랭이 떡과 사각거리는 청경채 위에 담백하고 달콤한 불고기 가루를 뿌린 떡볶이는 냉장고에 항상 있는 재료로 쉽게 만들 수 있는 간식거리가 될 것 같습니다. 청경채가 없을 때는 데친 당근이나 시금치 또는 배춧잎을 이용해도 좋아요.

 ## Ingredients...

재료 2인분

청경채 5개, 간 불고기 200g, 유기농 엑스트라 버진 올리브유 4Tbs, 마늘 4쪽, 조랭이 떡 200g, 소금 조금, 모짜렐라 스틱 1개

 **Start Cooking**

1. 청경채는 깨끗이 씻어 소금물이 팔팔 끓을 때 넣고 살짝 데친 다음 바로 찬물로 헹궈주세요. 청경채가 완전히 식으면 손으로 물기를 꼭 짭니다.

2. 불고기 양념으로 재워놓은 소고기는 잘 달군 프라이팬에 맛있게 익혀 믹서기에 넣고 완전히 가루처럼 갈아주세요.

3. 잘 달군 프라이팬 위에 올리브유를 두르고 편으로 준비한 마늘을 올려 마늘이 바삭하게 될 때까지 볶은 후 마늘은 따로 건져 준비해주세요.

4. 마늘을 볶고 난 프라이팬에 조랭이 떡을 넣고 소금 간을 하면서 떡을 익히다가 데쳐낸 청경채를 넣고 볶아주세요.

5. 마늘 올리브유에 맛있게 볶아낸 조랭이 떡과 청경채 위에 준비한 불고기 가루를 뿌려 예쁜 접시에 내주세요.

 Joanne's Tip

• 과자처럼 바삭하게 구워놓았던 마늘을 곁들여도 좋고 모짜렐라 치즈를 떡과 같은 크기로 썰어 함께 섞어도 좋아요. 떡이 뜨거울 때 모짜렐라 치즈를 함께 섞어놓으면 모짜렐라가 살짝 녹아 쫀득해서 아이들이 좋아할 거예요.

- **당근 냉동보관법**

당근의 딱딱한 질감과 특유의 향 때문에 당근이 들어간 음식을 싫어하는 아이들이 많지요. 당근은 다른 채소들보다 익는 과정이 더디기 때문에 음식을 만들기 전에 물에 한번 데쳐서 사용하면 익는 시간이 단축되어 편리합니다. 신선한 채소들을 잔뜩 사와 냉장고에 너무 오래 두다 보면 썩거나 시들해져서 버리는 경우가 많은데 금방 사용할 채소들이 아니라면 이렇게 살짝 데쳐 냉동보관하면 버리는 것 하나 없이 모두 사용할 수 있어 실용적이겠죠?

당근 오믈렛 샌드위치

냉동해놓은 간 당근은 분주한 아침을 산뜻하게 출발할 수 있는 좋은 재료가 될 수 있어요. 얇게 펴서 필요한 만큼 뚝 떼어 놓으면 금방 녹지요. 그럼, 당근이 녹아 있는 봄에 달걀 1개를 넣고 잘 풀어서 오믈렛을 만들어 햄과 치즈를 끼워 샌드위치를 해주면 간단한 당근 오믈렛 샌드위치가 되어요.

1. 당근은 소금을 탄 뜨거운 물에 넣고 반 정도 익을 때까지 삶아주세요. 당근을 얇게 썰어 넣으면 금방 익을 수 있으니 얇게 썰어 데쳐내도 좋아요.

2. 데친 당근을 찬물에 한번 헹구어 물기를 최대한 제거하고 믹서기에 넣어 잘게 다지거나 부엌칼로 잘게 다져주세요.

3. 다진 당근은 최대한 공기가 들어가지 않도록 해서 냉동용 지퍼백에 넣고 얇게 펴서 냉동보관하고 필요할 때마다 꺼내서 사용하면 좋아요. 냉동보관시 한 달 이내로 사용하시고요.

당근 채소 볶음밥

냉동 당근과 잘게 썬 양배추, 양파를 넣고 당근 채소 볶음밥을 해주세요. 당근이 아주 잘게 갈아져서 그 당근을 골라내려면 상당한 인내심과 지구력도 필요하기 때문에 아이들이 당근을 골라내다가 포기하고 다 먹겠죠? 아이들이 좋아하는 돈가스나 두부전 등을 함께 곁들여주면 좋아요.

브로콜리 냉동보관법

1. 브로콜리는 소금물이 보글보글 끓어오를 때 넣어 3분 정도 익힙니다. 그리고 곧바로 얼음물 또는 찬물에 헹구어 더 이상 브로콜리가 익지 않도록 합니다.

2. 식힌 브로콜리는 줄기 부분을 잡고 탈탈 털어 물기를 완전히 빼주세요.

3. 브로콜리의 기둥을 잘 잡고 윗부분만 잘라주세요.

4. 냉동용 지퍼백에 손질된 브로콜리를 넣어 냉동보관하고 한 달 이내로 사용하세요.

 Joanne's Tip • 미리 한번 데쳐놓은 브로콜리기 때문에 쉽고 편리하게 사용할 수 있을 거예요. 브로콜리 윗부분의 작은 꽃술 부분만 사용하기 때문에 영양소는 영양소대로 섭취할 수 있고 브로콜리 특유의 향 때문에 먹기를 꺼려하는 아이들도 거리낌 없이 잘 먹을 수 있습니다.

• 바쁜 아침 냉동해놓은 브로콜리를 먼저 꺼내 볼에 넣고 양파와 토마토를 작게 깍뚝썰어 달걀 채소 오믈렛을 해도 좋고 볶음밥이니 불고기를 구울 때 함께 넣고 볶아도 좋아요. 콩나물을 무칠 때에도 브로콜리 윗부분을 참기름과 함께 넣고 섞어주면 예쁜 초록색이 콩나물 무침에 생기를 넣어주어 모양새도 나고 예뻐요. 데친 브로콜리 윗부분은 여러 음식에 다양하게 사용할 수 있으니 편한 대로 응용해보세요.

· 시금치 냉동보관법

1. 시금치는 다듬어서 깨끗이 씻은 후 소금물에 재빨리 데쳐 물기를 꼭 짭니다.

2. 준비된 시금치를 믹서기에 넣고 잘게 갈아주세요.

3. 시금치를 냉동용 지퍼백에 공기가 최대한 들어가지 않도록 얇게 펴서 냉동시킵니다.

햄치즈 채소볼

1. 팬케이크 가루(248페이지 참조)에 뜨거운 물에 살짝 데친 햄과 당근, 시금치, 맛있게 볶은 양파, 호두가루, 현미쌀눈을 적당히 넣고 섞어 걸쭉하게 만들어주세요.

2. 프라이팬이나 붕어빵 틀 또는 호두과자 틀이 있으시면 중불에 틀을 올리고 기름을 살짝 친 후 팬케이크 재료와 좋아하는 치즈를 올려 맛있게 앞뒤로 구워주면 됩니다.

• 얇은 채치기와 응용 썰기

1. 채소를 반으로 잘라주세요.

2. 채소의 한 모서리를 면이 지도록 잘라주세요. 단면이 된 면을 도마 위에 올려 썰어주면 채소의 미끄러짐을
   방지할 수 있어요.

3. 얇게 채를 썰고 싶을 때는 얇은 편으로 썰어주세요.

4. 채소를 잡고 있는 손의 엄지와 중지 또는 약지는 채소가 움직이지 않도록 고정해주는 역할을 하고 검지는 손
   톱을 살짝 채소 위에 올려 칼등이 밀려올 때 채소 굵기의 척도가 되어줄 수 있도록 자 역할을 하며 썰어주세
   요. 그래야 손가락을 다칠 염려가 없어요.

5. 이렇게 편에서 얇게 채를 썰어주면 알리뮈뜨(allumatte) 또는 쥘리엔느(julienne)라는 성냥개비처럼 가늘고
   길게 썰기가 완성됩니다.

6. 알뤼메뜨나 쥘리엔느에서 작은 네모로 깍뚝썰기를 해주면 브뤼느와즈(brunoise)라고 하는 주사위형 썰기가
   돼요.

• 두껍게 채치기와 응용 썰기

1. 한 면을 자른 채소를 도마 위에 놓고 1cm 정도로 두껍게 썰어주세요.

2. 두꺼운 편을 썬 채소는 층으로 잘 쌓아주세요.

3. 층으로 쌓인 채소의 모양이 일정하도록 길게 썰어주면 바또네(batonnet)라는 커팅이 돼요. 감자나 고구마 튀
   김을 할 때 또는 채소를 생으로 썰어 아이들 간식을 만들 때 사용하면 좋아요.

4. 바또네에서 정사각형의 깍뚝썰기를 해주면 큐브(cube) 모양의 주사위형 썰기가 됩니다. 채소 조림이나 채소
   수프 등에 다양하게 사용할 수 있는 커팅이에요.

• 이파리 채소 얇게 채치기

1. 시금치나 바질과 같은 이파리 채소를 얇게 채썰고 싶을 때는 먼저 잎사귀를 차곡차곡 쌓아 돌돌 말아주세요.
2. 돌돌 만 채소를 잘 잡고 칼로 얇게 채를 썰어주면 쉬포나드(chif-fonade)라는 채가 완성됩니다.

• 볼러로 자르기

1. 볼러가 있으면 수박이나 멜론과 같은 과일을 자를 때 동그랗게 잘라 모양을 낼 수 있습니다. 파리지엔(parisienne)이라는 동그란 구슬 모양의 커팅이 되어 음식의 모양을 살려줄 수 있어요.

• 마늘 껍질 까기

1. 마늘의 뿌리 부분을 칼로 떼어주세요.
2. 칼 등을 마늘 위에 올려놓습니다.
3. 마늘 껍질이 잘 벗겨졌죠?

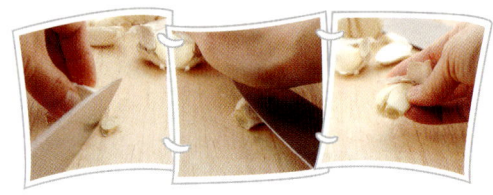

06. 소스 만들기

루
Roux

루(Roux)는 버터와 밀가루를 1:1 비율로 해서 만드는 서양 소스의 기본이에요. 루는 완전히 녹인 버터에 밀가루를 볶는데 밀가루가 익은 정도에 따라 흰색 또는 갈색 루를 만들 수 있어요. 이렇게 루가 만들어지고 나면 우유나 향신료 또는 허브 등을 섞어서 베샤멜 소스, 벨루떼 소스, 토마토 소스, 브라운 소스, 홀랜다이즈 소스 등을 만들기도 한답니다.

Ingredients . . .

재료
우유 1컵, 밀가루 ¼컵, 버터 4스푼, 달걀노른자 4개

넣어도 좋습니다) 서서히 넣으면서 거품기로 섞어주세요.

5. 우유와 완전히 섞인 루는 이제 화이트 소스가 되었답니다. 화이트 소스가 된 루를 불에서 내립니다. 그리고 준비된 달걀노른자를 너무 뜨겁지 않은 루에 반드시 하나씩 넣어 잘 섞어주고 미지근해질 때까지 달걀노른자가 익지 않도록 계속 저어주면 루가 완성됩니다.

Joanne's Tip

• 우유는 냄비 또는 전자레인지에 따뜻할 정도로만 데워주세요. 절대 보글보글 끓이면 안 됩니다.

• 달걀노른자를 하나씩 넣는 이유는 버터의 지방과 우유의 수분이 함께 어우러질 수 없기 때문에 달걀 안에 들어 있는 레시틴이 유화제 **작용을 하여 재료가 함께 잘 섞이도록** 해야 하기 때문입니다. 그래서 달걀이 익지 않도록 뜨거운 불에서 혼합하면 안 되고 불에서 내려놓고 해야 합니다.
이렇게 달걀노른자를 하나씩 넣으며 **루를** 잘 섞다 보면 **루가** 점점 덩어리가 되어가는 것을 볼 수 있습니다. 이는 달걀노른자가 버터에 둘러쌓인 밀가루 덩어리를 하나하나 잘 감싸기 때문이에요.
이렇게 유화제 역할을 충분히 해낸 달걀이 들어간 이 재료를 나중에 오븐에 굽게 되면 버터와 밀가루 사이사이에 들어 있는 공기가 팽창하면서 수플레가 부풀어 오르는 겁니다.

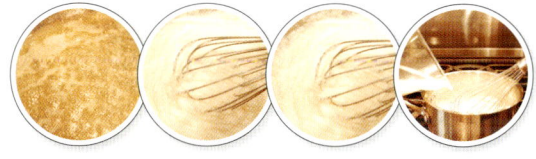

Start Cooking

1. 달걀은 사용하기 1시간 전에 냉장고에서 꺼내 놓아요.

2. 버터는 미리 예열된 냄비에 서서히 넣어 녹입니다. 하얀 거품이 위로 뜨면서 버터 내부에 있는 수분은 서서히 증발하게 돼요. 불이 너무 세면 제일 하단에 있는 버터의 지방이 탈 수 있으므로 약불에서 버터를 서서히 녹여야 합니다.

3. 하얀 거품이 거의 다 거치고 수분이 어느 정도 증발되면 노란 물처럼 맑은 버터의 지방만 보일 거예요. 이것을 클래리파이드 버터(clarified butter)라고 해요.

4. 버터가 완전히 녹으면 여기에 준비된 밀가루를 조금씩(체에 받쳐서

● 화이트 루로 만들 수 있는 기타 소스를 알아보아요.

· 베샤멜(Bechamel) 소스
  화이트 루에 우유를 넣어 만든 소스입니다. 베샤멜 소스로 맛있는 허
  브 소스를 만들어 연어 오믈렛과 함께 드셔보세요.

· 크림 소스
  베샤멜 소스와 헤비크림을 반 이상 졸여서 식히고 레몬즙을 살짝 뿌
  린 소스입니다.

· 모네이(Mornay) 소스
  베샤멜 소스와 구루이에(Grayere Cheese) 치즈를 섞은 겁니다. 경
  우에 따라서 구루이에 치즈와 파마잔 치즈를 반반씩 섞어서 만들 수
  도 있어요. 모네이 소스로 담백하고 부드러운 치즈 수플레를 만들어
  보아요.

· 모던(Modern) 소스
  베샤멜 소스와 버터에 볶은 양파로 만듭니다. 모던 소스로 양송이버
  섯 채소 크림 수프를 만들어보아요.

사과버터
Apple Butter

집에서 직접 만든 사과버터로 다양한 아이들 간식을 만들어주세요. 한번 만들어보면 상당히 쉽다고 느낄 거예요. 한번 시도해보고 다음에는 많은 양을 만들어 냉동보관하며 사과 치킨 스틱도 만들어보고 사과 치킨 소시지도 만들어보세요.

Ingredients. . .

재료
사과 큰 것 5개, 유기농 흑설탕 3Tbs, 종이컵 물 ⅔, 계피가루·생 레몬주스 조금씩

Joanne's Tip

- 계피 향에 민감하게 반응을 하지 않는 아이라면 사과를 졸일 때 계피가루를 솔솔 뿌려주세요. 사과파이 속과 같은 맛이 나는 맛있는 사과버터가 됩니다.

- 사과버터는 빵에 발라 먹어도 좋고 요거트를 먹을 때 위에 올려 먹어도 좋아요. 또는 땅콩잼과 사과버터를 함께 발라 땅콩버터 젤리 샌드위치로 만들어 먹어도 별미랍니다.

- 사과버터는 많이 만들어서 냉동보관하면 매번 만들어야 하는 번거로움을 피할 수 있어 좋아요. 먹을 만큼 덜어서 공기가 통하지 않도록 해서 냉동보관용 지퍼백이나 플라스틱 통에 넣어 보관하면 6개월까지도 그대로 있어요.

Start Cooking

1. 사과는 껍질을 깎고 깍뚝썰기합니다.

2. 흑설탕 3Tbs을 넣어주세요

3. 흑설탕이 사과에 골고루 묻도록 나무주걱으로 잘 섞어주세요.

4. 종이컵으로 물을 ⅔컵 정도 부어주세요.

5. 센불에서 2~3분 정도 나무주걱으로 잘 섞다가 뚜껑을 닫고 아주 약한 불에서 물이 다 졸아들 때까지 서서히 졸여주세요.

6. 물이 완전히 증발되면 불을 끄고 식혀주세요. 다 식은 사과버터는 예쁜 병에 넣어 냉장보관하세요.

심플 시럽
Simple Sirub

여러 가지 간식과 음식에 사용할 수 있는 심플 시럽(설탕 시럽)을 만들어보아요. 심플 시럽은 제빵에서도 많이 사용하는 시럽 중의 하나랍니다. 케이크를 만들 때 케이크가 건조해지는 것을 방지하기 위해 설탕 시럽을 만들어 여기에 복숭아 맛 향신 술을 섞어 층층이 바르기도 하고 버터크림을 만들 때 섞기도 하고요.

심플 시럽은 말 그대로 'Simple'하게 물과 설탕을 1:1 비율로 섞어 녹여 만든 시럽이랍니다. 이 시럽은 화학물질이 첨가되지 않은 단순 설탕 시럽이라 아이들 간식을 만들 때나 설탕이 필요한 음식에 사용하면 올리고당과 같은 효과를 낼 수 있어 좋아요.

Ingredients. . .

재료
설탕 1컵, 물 1컵

Joanne's Tip

- 중간 중간 설탕이 녹으면서 냄비 가장자리로 튀면서 설탕이 크리스털처럼 굳을 수 있어요. 이럴 때는 쿠킹용 브러시를 찬물에 적신 후 가장 자리를 닦아주면 설탕이 굳는 것을 방지할 수 있답니다. 그리고 절대 스푼이나 젓가락으로 빨리 녹으라고 젓지 마세요. 그리고 설탕이 상당히 뜨거우니 맛을 보려다가 큰 화상을 입을 수 있으므로 주의해주세요!

- 처음 시럽을 만들 때 온도계가 없다면 시럽의 색깔로 구분해주세요. 색깔이 옅은 옥수수 잎처럼 나오면 불에서 내려 식혀주면 돼요. 시럽을 만들 때 녹은 설탕이 실처럼 가늘게 늘어나는 상태를 확인하려면 110℃~114℃까지가 적당하고 물을 1방울 떨어뜨려 확인하지만 혹시라도 뜨거운 설탕으로 인해 화상을 입을지 모르니 반드시 입으로 맛보지 말고 눈으로 확인해주세요. 화상을 입을 수 있어요.

- 남은 시럽은 뚜껑이 있는 용기에 잘 담아 냉장보관하세요.

Start Cooking

1. 깨끗하고 바닥이 두꺼운 냄비에 설탕 1컵을 부어주세요.

2. 설탕과 같은 양의 물을 부어주고 센불에서 설탕이 녹을 때까지 지켜봐야 합니다. 설탕이 금방 탈 수 있으므로 시럽을 만들 때는 반드시 지켜봐야 합니다.

3. 10~15분 정도 후 설탕이 완전히 녹으면 준비해놓은 찬물에 중탕해서 식혀주세요.

4. 스푼으로 떠보았을 때 걸쭉하게 묻어날 정도 또는 실처럼 끈적하게 줄이 생길 정도로 굳으면 완성입니다.

만능간장 소스
Multi-purpose Soy Sauce

만능간장 소스는 데리야끼 소스처럼 아주 다양하게 쓰이는 소스예요. 급하게 고기를 양념할 때나 고기를 구워서 맛을 낼 때, 채소나 볶음우동 요리에도 사용할 수 있는 짭짤하고 달콤한 소스입니다.

Ingredients. . .

재료

간장 1컵, 미림 1컵, 설탕 1컵, 정종 $\frac{1}{2}$컵, 생마늘 6알, 양파 중간 크기 1개, 사과 $\frac{1}{2}$개, 배 $\frac{1}{2}$개, 오렌지나 귤 1개

Joanne's Tip

• 반짝반짝 윤이 나고 고기나 생선에 넣었을 때 흐르지 않고 조금 끈적하게 묻어 있는 데리야끼 소스를 만들고 싶을 때는 뜨겁게 끓고 있는 소스에 차가운 녹말가루(녹말 1 : 얼음물 1)를 넣어주면 돼요.

Start Cooking

1. 모든 재료를 냄비에 넣고 과일과 양파는 1cm 두께로 썰어서 함께 넣어주세요.

2. 처음에는 센불에서 5분 정도 끓이고 거품이 올라오면 아주 약한 불에서 1시간 내지 1시간 반 정도 은근히 졸여주세요. 재료가 타지 않도록 가끔 잘 저어서 설탕이 눌어붙지 않도록 해주세요.

3. 다 졸인 소스는 체에 잘 걸러주세요.

4. 준비된 데리야끼 소스는 병이나 통에 넣어 냉장보관하고 필요할 때마다 사용합니다.

오렌지 소스
Orange Sauce

상큼한 오렌지 주스로 만들어본 소스입니다. 오렌지의 향이 그대로 남아 있어 아이들이 싫어하는 음식을 찍어 먹게 곁들이면 아이들이 좋아해요.

 Ingredients. . .

재료
오렌지 주스 $\frac{1}{2}$컵, 헤비크림 $\frac{1}{4}$컵, 꿀 1Tbs, 녹말가루 1Tbs, 얼음물 1Tbs

 Start Cooking

1. 오렌지 주스, 헤비크림, 꿀을 넣고 잘 섞어준 후 냄비에 넣고 처음에는 센 불에서 1~2분 정도 끓이다가 바로 중불로 내려 서서히 졸여주세요.

2. 소스가 반 정도 줄어들면 녹말 물을 준비하여 불을 세게 올린 후 녹말 물을 조금씩 넣어가며 걸쭉한 상태로 만들어주세요.

3. 녹말을 풀어준 소스를 한 번 더 중불에서 10분 정도 졸입니다. 식히면 소스가 완성됩니다.

초콜릿 소스
Chocolate Sauce

설탕의 성분이 낮고 심장을 보호해 주는 폴리페놀과 플라보노이드가 풍부한 다크 초콜릿인 세미 스윗 초콜릿으로 소스를 만들어 사용해보세요. 달기도 하고 조금 쌉쌀한 맛이 감돌아 뒷맛이 더 깨끗한 초콜릿 소스입니다. 우유를 섞지 말고 그대로 전자레인지를 이용해 초콜릿만을 사용하면 초콜릿의 좋은 성분을 섭취할 수 있습니다.

 Ingredients. . .

재료 2인분
세미 스윗 초콜릿 $\frac{1}{2}$컵

 Start Cooking

1. 전자레인지용 용기에 초콜릿을 담아 20초 정도 돌려 녹입니다. 초콜릿이 온도에 민감해 금방 굳어지면 다시 전자레인지에 녹여 사용하면 됩니다.

키위 드레싱
Kiwi Dressing

키위 드레싱은 고기(구이 종류 또는 갈비, 햄버거 등)를 먹을 때나 단백질이 많이 함유된 치즈 또는 생선구이와도 잘 어울리는 드레싱입니다. 취향에 따라 레몬즙의 강약을 조절하세요. 새콤달콤하고 예쁜 색의 키위 드레싱으로 아이들의 눈과 입을 즐겁게 해주세요.

Ingredients. . .

재료

키위 1개, 유기농 호두유 1Tbs, 꿀 1Tbs, 소금·레몬즙 조금씩

Start Cooking

1. 모든 재료를 믹서기에 넣고 잘 갑니다. 남은 소스는 병에 담아 냉장 보관해주세요.

크리미 땅콩 소스
Creamy Peanut Sauce

남녀노소 누구나 좋아하는 땅콩에는 양질의 단백질과 필수지방산들이 함유되어 있어 머리를 맑고 좋아지게 하며 특히 비타민 E는 뇌세포의 산화를 막아줍니다. 부드러운 땅콩 소스로 가족들의 건강을 챙겨보세요!

Ingredients...

재료

볶은 땅콩 반 컵, 진간장 2스푼, 유기농 다크 메이플 시럽 4스푼, 사과식초 1스푼, 생우유 1컵

Joanne's Tip

- 남은 소스는 냉장보관하세요. 단, 2주 이상은 넘기지 마세요. 땅콩 소스를 냉장보관하면 되질 수 있으니 음식에 사용할 때는 우유로 살짝 풀어 사용하세요.
- 그날 만든 땅콩 소스는 냉장하지 말고 채소를 찍어 먹는 장으로 사용해보세요. 또는 통밀 스파게티면에 섞어 먹어도 맛있답니다. 입맛에 따라 다양하게 활용해보세요.

Start Cooking

1. 잘 볶은 땅콩은 껍질을 모두 까고 잔 물질들을 제거한 후 프로세서에 넣어 돌려주세요. 어느 정도 땅콩이 갈아지면 서서히 우유와 다른 재료들을 함께 넣고 부드러운 상태가 될 때까지 돌려주면 완성됩니다.

NewYork Style Dining Table

Part 04.

우리 아이 올바른 식습관
길들이는 대표 메뉴

* 마 감자 라끼
Dioscorea Potato Latkes

우리 한국 음식과 비슷한 음식들이 다른 나라에도 많이 있어요. '라끼(Latkes, 감자전)'가 그 중 하나입니다. 라끼는 유대인들이 '하누카(Hanukkah)' 또는 '차누카(Chanukkah)'라고 하는 빛의 축제 기간 때 기름에 튀겨 먹는 대표적인 명절 음식 중 하나예요. 유대월력으로 11월 말이나 12월에 8일간 열리는 이 축제 기간 동안 '마노라'라는 9개의 촛대를 하나씩 밝히며 감자전이나 사과 튀김 같은 음식을 먹는답니다.

한국에서는 감자전 또는 감자 부침개와 비슷하죠. 전통 라끼에는 감자와 양파, 밀가루가 들어가는데 이것을 약간 응용해서 건강에 좋은 마와 눈에 좋은 당근을 넣어 영양 만점 간식인 마 감자 라끼를 만들어보도록 할게요. 마에 함유되어 있는 끈적한 뮤신(Mucin)이란 성분이 있는데 이 뮤신은 체내에 흡수되면 단백질의 흡수도 돕고 위궤양을 방지해줍니다. 마 감자 라끼는 밥맛 없는 아이들의 입맛을 돋워주고 아프고 난 후 기력을 회복할 때나 잠잘 때 식은땀을 흘리는 아이들에게, 설사를 하는 아이들에게, 시험기간 중 기억력 향상을 위해, 또 신경이 많이 날카로운 아이들에게 좋은 영양 간식입니다.

 # Ingredients. . .

재료 4인분

감자 큰 것 2개, 마 1개, 당근 1개, 양파 작은 것 1개, 달걀 1개, 통밀가루, 물 ½컵(종이컵으로 반 정도), 사과 1개(사과 소스용), 기름 · 소금 조금씩

66

Joanne's Tip

- 초간단 사과 소스_믹서기에 사과를 넣고 휭 하게 돌려서 즉석 사과 소스를 만들어주세요. 믹서기가 없을 때는 시판되는 사과 소스를 사용해도 좋아요. 뜨거운 라끼에 차가운 사과 소스를 찍어 먹는 맛이 별미입니다! 계피가루 향을 좋아하면 함께 섞어도 좋고, 취향에 따라 사과와 복숭아를 함께 섞어도 좋습니다.

- 마 손질법_마의 껍질을 깔 때는 식용유를 양손에 듬뿍 묻히고 까거나 위생장갑을 끼고 껍질을 까주세요. 마에 들어 있는 뮤신 때문에 끈적끈적하고 미끄러우니 마 끝부분을 페이퍼 타월로 둘러서 강판에 갈면 좋습니다. 마의 껍질을 까고 나서 손이 많이 간지러우면 식초 탄 물에 손을 씻어보세요. 가려움증이 사라집니다.

- 남은 라끼 재료는 공기가 통하지 않는 용기에 넣어 보관하고 3일 이내에 사용하세요. 감자에서 수분이 빠져 물이 생길 수 있으니 기름에 넣어 튀기기 전에 여분의 물은 따라내고 잘 섞어서 구워주세요. 자투리 마가 남았다면 가족들의 원기 회복을 위해 갈아주세요. 마를 예쁜 잔에 넣고 그 위에 소금과 참기름을, 매운 것을 좋아한다면 타바스코 소스와 김가루를 조금 뿌려주세요. 연어알이 있다면 소금 대신 넣어도 좋습니다. 그리고 날달걀을 먹을 수 있다면 메추리알 노른자와 참기름, 소금, 김가루, 깨소금을 함께 넣어 마시면 좋답니다.

Start Cooking

1. 믹서기가 있으면 채소를 넣고 자르고 없다면 얇게 막대썰기해주세요.

2. 막대썰기한 채소와 강판에 간 마, 달걀, 밀가루, 소금을 넣고 잘 섞어주세요. 물을 조금씩 넣으면서 되기를 체크해주세요. 마가 들어가 질퍽하고 끈적하게 재료가 섞일 수 있도록 하면 됩니다.

3. 재료가 끈적하게 잘 섞였으면 기름을 살짝 두른 프라이팬에 올려 노릇노릇해질 때까지 바삭하게 구워냅니다.

* 사과 동그랑땡 카나페
Apple Chicken Canape

닭가슴살과 기름기 없는 돼지고기 안심(돈가스 용)을 이용하여 달콤하고 부드러운 동그랑땡을 만들어보려고 해요. 리놀레산이 풍부한 돼지고기는 콜레스테롤 수치를 낮추고 비타민 E(필수지방산)가 풍부하게 들어 있어 아이들의 뇌를 활발하게 해줍니다.

피로를 회복시켜주는 비타민 B1이 소고기보다 10배나 많이 함유되어 있어 한창 뛰어노는 아이들에게는 더없이 좋은 음식이고 체내 흡수율이 높은 철분 함량이 많아 빈혈 예방에도 좋습니다. 고기를 싫어하는 아이들도 사과버터와 어우러진 동그랑땡을 먹어보면 그 매력에 푹 빠질 수 있을 거예요. 소시지처럼 동그랗게 말아서 냉동해놓고 소시지 대용으로 아이들에게 구워줘도 좋습니다. 아이들의 친구들이 갑자기 찾아왔을 때 엄마 표 동그랑땡으로 아이들에게 점수를 따보기 바랍니다.

Ingredients. . .

재료 90개

사과 5개(말이 1개당 1cm 정도의 두께로 잘 랐을 때 16~18개 정도), 사과버터 1컵(57페 이지 '사과버터'참조), 닭가슴살 250g, 돼지 고기 안심 250g, 양파 중간 크기 1개, 파(양 파 양보다 조금 작게), 소금 $\frac{1}{2}$Tbs, 후춧가 루, 달걀 1개, 녹말가루 2Tbs

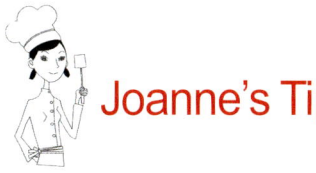
Joanne's Tip

- 냉장고의 크기나 종류에 따라 간혹 고기가 어는 시간의 차이가 있을 수 있으니 냉동되는 중간중간 확인 해주세요. 동그랑땡 말이가 반 정도 얼었을 때 잘라야 힘도 덜 들고 깔끔하게 자를 수 있어요. 랩을 씌운 채로 잘라놓고 나중에 굽기 바로 직전에 랩을 벗기고 조리하세요.
- 남은 동그랑땡은 잘라서 냉동실에 얼려두면 편하답니다.
- 동그랑땡만 먹어도 좋지만 사과를 얇게 썬 후 그 위에 동그랑땡과 깨소금과 참기름으로 버무린 구슬밥 (구슬 모양처럼 작고 동그란 밥)을 함께 올리면 모양도 예쁘고 맛도 일품이지요!
  또는 동그랑땡 속으로 둥글게 완자를 빚어 스파게티를 만들어보세요. 동그랑땡이 들어간 맛있는 스파게티가 완성됩니다.(70페이지 '사과 미트볼 스파게티' 참조)

Start Cooking

1. 닭고기와 돼지고기를 각각 250g씩 재서 믹서기에 넣고 잘 갈아주세요.

2. 양파와 파를 믹서기에 넣고 동작 버튼을 살짝살짝 몇 번만 누르면 다져져요. 아이들이 채소가 씹히는 것을 좋아하면 살짝 다지고 채소의 씹히는 맛을 싫어하면 완전히 갈아주세요. 믹서기가 없을 경우에는 채소를 최대한 잘게 다져주세요.

3. 간 고기와 사과버터(57페이지 '사과버터' 참조)와 양파 그리고 파를 함께 넣고 소금과 후춧가루를 뿌려 잘 버무려줍니다. 그리고 달걀 1개와 전분을 넣어 잘 섞어주세요.

4. 준비된 재료를 랩에 잘 올려 김밥 말듯이 돌돌 말아서 양쪽 끝을 사탕 껍질 돌리듯 단단히 조여주세요.

5. 랩에 씌운 동그랑땡 말이를 그대로 냉동실에 넣고 3~4시간 정도 후에 끼니 먹기 좋게 자릅니다. 그리고 프라이팬이나 오븐에 노릇하게 구워주세요.

사과 미트볼 스파게티
Apple Compote MeatBall Spagetti

사과 동그랑땡을 만들 때 반죽 양을 많이 준비해서 동그랑땡도 만들고 미트볼도 함께 만들어 냉동해놓으면 많이 편합니다.
미트볼은 떡국에 넣어 먹으면 만두피 없는 만두 속처럼 맛있고요. 그냥 기름에 살짝 굴려 구우면 도시락 반찬으로도 좋습니다. 그리고 응용 레시피처럼 스파게티용 미트볼로도 샌드위치 속 재료로도 좋은 다용도 미트볼이에요.
냉동보관하면 길게는 두 달까지도 보관 가능하여 시간을 절약해줄 편리하고 영양 가득한 음식입니다.

Ingredients. . .

재료 미트볼 40개

사과 5개(말이 1개당 1cm 정도의 두께로 잘랐을 때 16~18개 정도), 사과버터 1컵(57페이지 '사과버터' 참조), 닭가슴살 250g, 돼지고기 안심살 250g, 양파 중간 크기 1개, 파(양파 양보다 조금 적게), 소금 $\frac{1}{2}$Tbs, 후춧가루 적당히, 달걀 1개, 녹말가루 2Tbs

5. 면이 다 삶아지면 찬물에 한번 헹구어 체에 받쳐 물기를 완전히 빼주세요.
6. 미리 달군 프라이팬 위에 버터 1Tbs을 넣고 물기를 뺀 면을 맛있게 볶습니다.
7. 아이들이 좋아하는 스파게티 소스에 준비된 미트볼을 넣고 맛있게 볶다가 스파게티면과 함께 섞어 예쁜 접시에 내주세요.

Joanne's Tip

- 냉동되어 있는 미트볼을 사용할 경우 냉장실에서 해동한 후 바로 사용해도 좋고 시간이 없으면 전자레인지에 살짝 돌려 해동하면 됩니다.

- 스파게티에 섞인 미트볼로 맛있는 샌드위치를 만들어주세요. 모짜렐라 치즈를 좋아하면 미트볼이 뜨거울 때 뿌려주세요. 먹을 때 재미있게 주욱 늘어나죠.

Start Cooking

1. 동그랑땡을 다 빚고 남은 재료로 예쁘게 미트볼을 빚어주세요.
2. 미트볼이 준비되면 김이 잔뜩 오른 찜통에 가지런히 놓고 5~10분 정도 완전히 익을 때까지 쪄주세요.
3. 미트볼이 다 쪄지면 완전히 식혀주세요.
4. 스파게티 삶을 물이 보글보글 끓어오르면 소금물에 스파게티면을 넣고 충분히 익혀주세요.

* 게살 채소 미트볼
Crab Cake

바다게는 저지방 고단백의 우수한 바다 자원이에요. 열량이 낮은 반면 단백질은 풍부하고 칼슘과 인의 함량도 높아 혈관과 뼈, 근육을 튼튼하게 해 성장기 어린이들이나 체력이 약한 아이들 또는 운동량이 많은 아이들에게 아주 좋은 식품입니다.

또한 게살은 오래전부터 머리가 좋아지는 음식으로 알려져 있습니다. 이는 게살이 순수한 단백질이기 때문에 빠르게 뇌로 전달되어 기분도 좋게 만들고 정신적인 에너지를 충만하게 만들어주는 도파민과 노르피네프린의 원료가 되는 티로신을 다량 공급해주기 때문이라고 합니다. 게살에 들어 있는 순수 단백질과 칼슘, 샐러리에 다량 함유된 비타민 A, 주황 피망에 들어 있는 카로틴과 비타민 C, 양파에 들어 있는 철분과 콜레스테롤을 녹여주는 유화프로필 등 게살이 가지고 있지 않은 비타민과 무기질을 채소들로부터 보완하여 지금부터 게살 채소 미트볼을 만들어보겠습니다.

 # Ingredients...

재료 4인분

신선한 게살 2컵(16온스), 샐러리 1줄기, 양파 중간 크기 1개, 주황 피망 또는 파프리카 (양파 반 정도), 파(피망과 같은 양), 진간장 1Tbs, 통밀가루 3Tbs, 유기농 올리브유 마요네즈 ½컵, 빵가루 ½컵, 검은 깨소금 2Tbs, 유기농 호두유 또는 포도씨유 조금

71

Joanne's Tip

- 아래 레시피 3번에서 통밀가루를 제외하고 간장과 마요네즈로만 간을 해주면 맛있는 샌드위치용 속 재료가 되어요.
- 샐러리에 있는 질긴 섬유소를 떼어내도 좋지만 이 레시피에는 샐러리를 완전히 잘게 갈아 사용하기 때문에 섬유소를 제거하지 않아도 됩니다.

Start Cooking

1. 캔에 들어 있는 게살이라면 뚜껑을 눌러 게살의 수분을 최대한 뺀 후 손으로 게살을 잘게 부숴주세요. 신선한 게를 이용할 때는 맛있게 삶거나 쪄서 사용하면 좋아요.
2. 준비된 채소를 모두 믹서기에 넣어 잘게 갈아주세요.
3. 1번과 2번을 섞고 통밀가루, 마요네즈, 진간장을 넣어주세요.
4. 재료가 골고루 섞이도록 잘 섞어주세요.
5. 빵가루에 검은깨와 소금을 넣어 잘 섞은 후 동그랗게 빚은 미트볼을 잘 굴려주세요.
6. 잘 달구어진 프라이팬에 노릇하게 바삭하게 구워냅니다.

*채소 두부 버거
Vage Tofu Burger

햄버거는 누구나 좋아하는 음식이죠? 하지만 패스트푸드 속에서 숨은 염분과 트랜스 지방이 몸에 안 좋다는 건 누구보다 엄마들이 잘 아는 사실입니다. 두부는 밥상에 항상 올라오는 재료이고 감자 또한 쪄서 먹거나 국에 넣어서 먹기도 하는 부엌의 단골 재료죠. 담백하고 부드러운 두부와 맛있게 쪄낸 감자, 그리고 면역성을 길러주는 버섯, 양파, 피망 등 여러 채소를 골고루 섞어 고기보다 더 담백하고 맛있는 두부 버거를 만들어 아이들의 입맛을 사로잡아보세요.

Ingredients. . .

재료 4인분

수분을 제거한 단단한 두부 $\frac{1}{2}$모, 찐 감자(두부의 반), 양파 · 당근 · 피망 · 파 · 버섯(각각 두부의 $\frac{1}{4}$정도), 달걀 1개, 빵가루(종이컵 1개에 수북할 정도), 밀가루 2Tbs, 아마씨 2Tbs, 소금 $\frac{1}{2}$Tbs, 포도씨유 조금

Joanne's Tip

• 채소 두부 버거는 밥과 함께 반찬으로 먹어도 좋고 햄버거 빵이나 식빵에 끼워서 아이들에게 주면 좋은 간식이 되어요.

Start Cooking

1. 채소는 믹서기에 넣고 잘게 다져주세요.

2. 다진 채소와 달걀, 두부, 빵가루, 아마씨, 소금을 넣어 준비해주세요.

3. 감자가 뜨거울 때 모든 재료를 넣고 잘 섞어주세요.

4. 반죽을 한 줌씩 떼어 햄버거 패티처럼 모양을 잘 만들어주세요.

5. 기름을 살짝 두른 프라이팬에 두부 버거가 노릇노릇해질 때까지 바삭하게 구워냅니다.

*시금치 모짜렐라 돈가스 롤
Spinach Mozzarella Pork Cutlet Roll

얇은 샤브샤브용 돼지고기로 모짜렐라 치즈를 돌돌 말아서 기름에 살짝 튀겨주면 모짜렐라의 짭잘하고 고소한 맛과 돼지고기의 쫄깃한 맛이 함께 어우러져 맛있는 반찬으로도 좋고 간식으로도 좋답니다.

Ingredients...

재료 2인분
샤브샤브용 돼지고기 100g, 모짜렐라 스틱 치즈 10개, 달걀 1개, 시금치 $\frac{1}{2}$단, 밀가루 $\frac{1}{2}$컵, 빵가루 1컵, 튀김용 기름 조금

75

- 고기를 안 먹는 아이들도 바삭한 튀김옷과 모짜렐라의 고소한 맛 때문에 고기의 맛을 거의 못 느끼고 잘 먹을 수 있답니다.
- 마리나라 소스나 피망 타르타르 소스 또는 머스타드 소스와 함께 내보세요. 알록달록 색깔도 예쁘고 다양한 소스에 찍어 먹는 맛도 색다르답니다.
- 돼지고기 대신 닭안심살을 넣으면 시금치 치킨 핑거가 된답니다. 응용해서 맛과 영양 모두 챙기는 센스를 발휘해보세요.

Start Cooking

1. 시금치는 잘 씻어 줄기는 잘라내고 잎 부분을 대여섯 장씩 모아 얇게 채썰어주세요.

2. 달걀에 얇게 채썬 시금치를 넣고 가위로 몇 번 잘라주세요.

3. 샤브샤브용 돼지고기를 도마 위에 놓고 모짜렐라 치즈를 고기 중간에 놓은 후 양옆을 가운데로 모아 중간을 잘 싸서 치즈가 보이지 않도록 싸주세요.

4. 밀가루를 입힌 돼지고기 롤은 2번에 넣어 시금치가 롤에 잘 붙도록 굴려주세요.

5. 각 롤에 빵가루를 입혀주세요.

6. 준비된 기름에 2~3분 정도 튀긴 후 기름종이에 놓고 기름을 빼주세요.

응용요리

시금치 치킨 핑거
Spinach Chicken Finger

평범했던 치킨 핑거에 시금치 옷을 입혀 조금은 색다르게 만들어보아요. 채친 시금치를 달걀에 넣어 모양, 맛, 영양 모두 센스 있게 챙겨보아요.

Ingredients. . .

재료 10인분

닭 안심살 두근, 달걀 4개, 시금치 이파리 부분만 종이컵으로 1컵, 밀가루 1컵, 빵가루 4컵, 튀김용 기름

Joanne's Tip

• 3단계 옷 입히기가 끝난 치킨 핑거는 하나하나 랩에 잘 싸서 냉동보관하여 사용하면 편합니다.

Start Cooking

1. 닭안심살을 준비하여 중간의 억센 힘줄을 제거해주세요.

2. 시금치는 이파리 부분만 가늘게 채를 쳐서 달걀과 함께 섞어주세요.

3. 아이들이 먹기 편하게 잘라진 닭 안심살에 밀가루→시금치→달걀 물→빵가루의 순서대로 묻혀주세요.

4. 준비된 치킨 핑거를 튀김용 온도에 맞추어진 기름에 노릇하게 튀겨 냅니다.

* 과일 화채 문어 샐러드와
키위 드레싱

Octopus salad & Kiwi dressing

고단백 저칼로리의 삶은 문어 다리와 비타민과 섬유질이 풍부한 멜론과 배, 그리고 새콤달콤한 키위 드레싱이
어우러져 입맛을 잃어버린 아이들에게 신선한 맛을 돋워줄 레시피예요.

 ## Ingredients. . .

재료 2인분

삶은 문어 다리 200g, 무순 조금, 배 ¼개,
멜론 ¼개, 키위 드레싱 1Tbs(62페이지 '키
위 드레싱' 참조)

Joanne's Tip

- 모든 재료는 시원하게 먹는 것이 더 좋아요. 키위 드레싱은 미리 만들어 냉장고에 넣어두고 과일과 문어는 빨리 썰어 드레싱을 뿌려 먹으면 깔끔하고 맛있는 샐러드가 될 거예요.
- 샐러드를 만들고 남은 재료에 와사비와 초간장 드레싱을 만들어 섞어서 먹어보세요. 쫄깃한 문어와 달콤하고 아삭한 배, 부드러운 멜론, 쌉싸름한 무순이 톡 쏘는 드레싱과 어우러져 입안까지 상큼함을 전달할 거예요.

Start Cooking

1. 과일은 예쁘게 썰거나 멜론 볼러로 모양을 내고 문어는 소금으로 거품이 나도록 잘 문질러 씻은 후 뜨거운 물에 한 번 데쳐 먹기 좋은 크기로 썰어 키위 드레싱과 함께 섞어주세요. 마지막으로 무순을 장식용으로 예쁘게 얹어주세요.

01. 엄마의 지혜가
돋보이는 요리

*복숭아 아롱사태 조림
Peach Beef Shank Ragu

갈비찜을 너무나 좋아하는 외국인 남편과 아들 때문에 자주 해주다 보니 가격도 만만치 않고 갈비살 사이사이
들어 있는 기름을 걷어 내느라 국물이 다 졸아버리는 사태가 발생했어요. 그래서 이렇게 사태 중에는 최고라
는 아롱사태로 조림을 만들어놓으니 갈비찜 못지않은 음식이 되었어요. 장조림처럼 반찬으로 먹어도 좋고 또
든든하게 메인 요리로 먹어도 좋은 갈비찜 버전의 복숭아 아롱사태 조림입니다.

Ingredients...

재료 2인분

아롱사태 1200g, 유기농 호두유 조금, 마늘
4쪽, 양파 2개, 감자 큰 것 1개, 당근 1개, 통
조림 황도 1캔(주스 제외), 간장 $\frac{1}{2}$컵, 메이플
시럽 $\frac{1}{4}$컵, 흑설탕 $\frac{1}{4}$컵, 물 2컵, 후춧가루 ·
참기름 조금씩

Joanne's Tip

• 황도가 담겨 있던 주스를 사용해도 무방하지만 설탕보다 더 나쁜 고과당 옥수수 시럽이 많이 함유되어 있는 경우가 많으니 가능하면 사용하지 않는 게 좋습니다.

Start Cooking

1. 아롱사태는 찬물에 30분 정도 담가 핏물을 제거합니다. 핏물이 어느 정도 빠진 고기를 큼직하게 토막을 내어 고기가 잠길 정도로 찬물을 부어 뜨거운 불에서 거품이 올라올 때까지 한 번 끓여주세요. 끓인 고기는 재빨리 체에 받쳐 육수는 제거하고 고기는 찬물로 한 번 헹궈 고기에 붙은 잔여물들을 씻어내세요.

2. 조림을 할 냄비에 기름을 살짝 두르고 준비된 아롱사태를 넣고 센불에서 고기 표면이 갈색이 될 때까지 재빨리 구워주세요.

3. 고기의 표면이 캐러멜 색을 띠고 프라이팬 바닥이 고기에서 나온 즙으로 갈색으로 변하면 불을 약하게 줄이고 준비된 채소를 넣고 재료가 잘 섞이도록 저어주세요(이 과정은 생략하고 그대로 5번으로 넘어가도 좋아요.)

4. 큼직하게 썬 채소를 넣고 볶은 냄비에 준비된 조림장을 부어 중불에서 30분 정도 익혀주세요. 이때가 채소를 통째로 냄비에 넣어주세요.

5. 채소의 김이 다 빠져나가면 준비된 감자를 넣고 제일 약한 불로 줄여서 3~4시간 천천히 졸이면 고기가 부드러워지고 달콤한 복숭아와 어우러져 환상적인 맛이 납니다.

*뱅어포 크래커
Japanese Icefish Crispy Roll Cracker

멸치처럼 칼슘이 풍부한 뱅어포를 조금 색다르게 과자처럼 만들어보았어요. 반찬으로도 좋고 아이들이 그냥
왔다 갔다 놀면서 과자처럼 집어 먹을 수 있는 바삭바삭한 뱅어포 레시피입니다.

 Ingredients. . .

재료 2인분

뱅어포 4장, 진간장 2Tbs, 오리지널 메이플
시럽 4Tbs, 참기름 1Tbs, 계피가루 $\frac{1}{2}$Tbs,
아마씨 1Tbs, 깨소금 1Tbs

Joanne's Tip

• 간장 소스에 간 마늘과 호두유를 아주 조금 넣고 만들어도 맛있어요.

Start Cooking

1. 뱅어포는 살며시 털어 잔여물들을 제거하세요.

2. 간장과 나머지 재료들을 볼에 넣고 잘 섞어주세요.

3. 오븐은 200℃로 예열하고 뱅어포 위에 2번의 간장 소스를 앞뒤로 잘 발라주세요.

4. 오븐에 준비된 뱅어포를 넣고 2분 정도 구워주세요.

5. 뱅어포를 오븐에서 꺼내 20초 정도 식힌 후 바로 김밥 말듯이 말아 모양을 잡은 후 가위로 3
   등분하여 잘라주세요.

6. 먹기 좋게 잘라진 뱅어포가 잘 붙도록 손가락으로 끝부분을 꾹 눌러 고정한 후 그대로 실온에
   놓아두면 바삭하게 말라 맛있는 뱅어포 크래커가 된답니다.

* 연어 오믈렛
Salmon Omelet

연어는 슈퍼푸드(Super Food), 즉 성장발육을 돕는 음식 중 하나로 오메가3 지방산이 많이 함유되어 있어 성장기 어린이에게는 꼭 필요한 음식 중 하나입니다. 오메가3 지방산은 골격 형성을 돕는 것은 물론 혈액도 맑게 해주고 두뇌 발달에도 좋아요. 하지만 오메가3 지방산은 체내에서 합성되지 않기 때문에 반드시 음식으로 섭취해야 하는데 등 푸른 생선이나 연어, 식물성 기름 등에서 찾아볼 수 있습니다.

성장기 어린이들에게 아침은 하루를 시작하는 데 있어 중요한 초석이 되는 첫걸음이라 할 수 있어요. 아이들의 두뇌 발달에도 좋고 필요한 단백질과 여러 영양소들을 제대로 공급해줄 수 있는 연어 오믈렛을 잡곡밥 또는 통밀 빵이나 현미 시리얼 등과 함께 섭취하여 활기찬 하루를 열어주세요.

Ingredients. . .

재료 2인분

연어 100g, 씨를 뺀 토마토 1개, 초록 피망 $\frac{1}{4}$쪽, 노랑 피망 $\frac{1}{4}$쪽, 양파 $\frac{1}{2}$개, 달걀 2개, 우유 2Tbs, 소금 · 올리브유 또는 호두유 조금씩

Joanne's Tip

- 오메가3 지방산의 올바른 섭취법 하나 알려드릴게요. 오메가6 지방산 : 오메가3 지방산 = 5~10 : 1 비율로 섭취해야 해요. 고등어 1마리(오메가3 지방산)를 먹을 경우 5~10배가량의 오메가6 지방산(잡곡 또는 식물성 기름에 있어요)을 섭취해야만 오메가3 지방산이 제대로 몸 안에서 효능을 발휘한다고 해요.
- 수은에 오염된 생선을 조심하세요. 저는 임신했을 때 참치는 한 번도 먹지 않았답니다. 참치처럼 큰 물고기에는 수은의 함량이 높아 자주 먹을 경우 수은이 그대로 태아에게 전달되고 나중에 아기가 미나마타병에 걸릴 확률이 높아져요. 알래스카에서는 양식업을 금하고 있기 때문에 혹시라도 연어를 구입할 때 알래스카 산이라고 적힌 것을 사면 안심하고 먹을 수 있습니다. 미국 식약청에 나온 섭취에 안전한 생선과 위험한 생선의 리스트를 몇 가지 뽑아보았어요.
  - 안전한 생선 : 야생 알라스카산 연어, 메기, 대구, 바다 송어, 마설가자미
  - 위험한 물고기 : 상어, 황새치, 왕고등어, 옥돔 또는 강이나 호수에서 잡은 물고기

Start Cooking

1. 연어도 송송 썰고 피망, 양파 등의 채소도 연어와 같은 크기로 송송 썰어 준비해주세요.
2. 달걀 2개에 우유 2Tbs을 넣어 거품기나 포크로 잘 저어주세요.
3. 기름을 두른 프라이팬에 채소를 먼저 넣고 반쯤 익을 때까지 주걱으로 잘 저어주세요.
4. 1번을 넣고 약한 불에서 서서히 익혀주세요.
5. 준비된 팬에 달걀을 넣고 아주 약한 불에서 달걀이 반쯤 익을 때까지 기다려주세요.
6. 고명을 올린 달걀이 기의 디 익이갈 무렵 반으로 접이 익혀주세요.

* 모닝 파워 셰이크
Breakfast Shake

저는 매일 아침식사를 준비할 때면 "아침을 든든히 먹어야 학교에 가서 공부 잘하지"라고 하시던 어머니의 말씀이 아직도 귓전에서 맴도는 것 같아요. 매일 똑같은 밥에 국 그리고 김치가 먹기 싫다고 투정을 하면 달걀을 부쳐주시고 제가 좋아하던 소시지를 구워주셨던 어머니의 마음을 어릴 때는 몰랐었지요.

이렇듯 아이들은 매일 같은 음식에 지루해합니다. 혹시 여러분께서도 항상 같은 패턴으로 아침식사를 하고 있다면 노고를 조금이라도 덜 수 있는 간단하고 쉬운 영양만점 셰이크로 바꾸어주는 게 어떨까요?

모닝 파워 셰이크로 지난밤 사이에 소모된 열량을 채워줄 수 있고 성장기 아이들의 두뇌회전에 필요한 단백질과 지방, 섬유소와 비타민, 무기질 등이 골고루 들어 있어 굳이 밥이나 빵을 먹지 않아도 한 끼 식사로도 충분하답니다.

 Ingredients. . .

재료 2인분

저지방 우유 혹은 두유 2컵, 블루베리 1컵, 딸기 1컵, 사과 1개, 바나나 2개, 아마씨 $\frac{1}{2}$Tbs, 유기농 땅콩잼 1Tbs, 연두부(순두부) $\frac{1}{4}$모

 Joanne's Tip

- 재료들은 키위, 망고, 건포도, 당근, 시금치, 유기농 플레인 요거트, 계피가루 등으로 대체해도 좋습니다.
- 아이가 좋아하는 셰이크의 묽기에 따라 우유의 양을 적게 또는 많게 조절해주세요.
- 땅콩잼이 들어가 색이 탁하니 셰이크 잔 위에 과일로 모양을 내주세요. 과일꼬치를 빼먹는 즐거움과 간식 같은 셰이크만으로도 든든한 아침을 먹었다는 충만감과 왕성해지는 아이의 식욕도 함께 느낄 수 있을 거예요.

 Start Cooking

1. 셰이크 재료와 믹서기를 준비하세요.
2. 준비된 재료를 믹서기에 모두 넣고 우유나 두유를 서서히 넣으면서 갈아주세요.

* 모짜렐라 채소 프리따라
Mozzarella Vege Frittara

프리따라는 이태리식 오믈렛이에요. 미국의 오믈렛은 달걀 위에 여러 재료들을 넣고 반으로 접어 만들지만 프리따라는 달걀파이처럼 여러 재료들을 달걀과 함께 섞어 접지 않고 그대로 평평하게 만들어요. 냉장고에 남아도는 자투리 채소들과 식빵이 있다면 달걀과 섞어 프리따라를 만들어보세요. 단백질은 달걀과 치즈에서, 탄수화물은 통밀 빵에서 섬유소와 비타민, 무기질 등은 두뇌음식이라 할 수 있는 피망, 버섯, 양파 등의 여러 채소들로부터 받을 수 있으니 한 끼로 일석이조의 레시피를 즐겨보세요.

Ingredients. . .

재료 2인분

통밀 식빵 2장, 피망 $\frac{1}{4}$쪽, 양송이버섯 2개,
호박 $\frac{1}{4}$쪽, 양파 $\frac{1}{4}$쪽, 달걀 3개, 우유 3Tbs,
후춧가루 · 모짜렐라 치즈(옵션) · 유기농 호
두유 · 포도씨유 · 올리브유 조금씩

Joanne's Tip

• 피망은 비타민의 보고라 할 수 있을 정도로 비타민이 가득한 재료예요. 피망 속에 함유된 비타민 C와 A 는 신진대사를 활발하게 해주는 효과가 있고 뇌의 중추신경계에 물질을 전달하는 작용을 하는 두뇌음 식 중의 하나랍니다. 또한 성장기 어린이들과 골다공증에 걸린 어른들의 뼈를 튼튼하게 지켜주는 칼슘 과 철분이 풍부하게 들어 있어요. 매일 피망 섭취를 습관화하면 건강에 너무 좋겠죠?

Start Cooking

1. 프리따라에 들어갈 재료들을 준비해주세요.

2. 준비된 재료들을 볼에 넣고 우유와 푼 달걀을 부어 잘 섞어주세요.

3. 잘 달구어진 팬에 기름을 두르고 재료를 올려 살짝 한 번 섞어주세요.

4. 불을 은근하게 줄이고 약불에서 프리따라가 타지 않도록 천천히 앞뒤로 익혀주세요.

02. 두뇌 발달 파워
아침 메뉴

* 프렌치 토스트와 두부 스크램블
French Toast with Egg White Tofu Scrambled

고소한 우유와 달걀옷을 살짝 입힌 부드러운 식빵, 입에서 살살 녹는 두부와 달걀흰자로 만든 슈퍼 고단백질인 프렌치토스트와 두부 스크램블로 아이들의 아침을 열어주는 것은 어떨까요?
성장기 어린이들의 뇌 기능을 향상시킬 수 있는 질 좋은 단백질을 공급해주고 토스트와 함께 안토시안이 듬뿍 들어 있는 블루베리로 기억력 및 시력 향상과 질병 예방에도 도움을 준답니다. 게다가 비타민 C가 듬뿍 함유된 딸기는 아이들의 뇌를 최상의 상태로 올려놓을 거예요.

Ingredients. . .

재료 1인분

프렌치 토스트: 식빵 2장, 달걀 2개, 우유 2Tbs, 유기농 오메가3 지방산 호두유 또는 포도씨유 조금, 계피가루 조금

달걀흰자 두부 스크램블: 달걀흰자 1개, 두부 ¼모, 유기농 오메가3 지방산 호두유 또는 포도씨유 조금씩

Joanne's Tip

- 토스트가 다 구워지면 소화에도 좋고 혈액순환에도 좋은 계피가루를 솔솔 뿌려주면 좋아요.
- 아이들이 좋아하는 제철 과일을 토스트와 함께 곁들이거나 메이플 시럽을 같이 내주세요. 전 세계로 공급되는 메이플 시럽의 80%는 대부분 캐나다 퀘벡에서 생산된다고 해요. 그런데 지난 3년 동안 퀘벡 지역의 날씨가 아주 추운 겨울에서 갑자기 봄 같은 날씨로 변해 예전만큼 단풍나무에서 나오는 수액을 얻기가 힘들어졌다고 합니다.
  그래서 미국에서는 1파운드당(600g) 20달러(정말 좋은 등급의 시럽은 더 비싸요) 정도로 매우 비싸답니다. 미국에서는 팬케이크와 시럽이 거의 아침식사 때마다 올라오다 보니 대형 음식 제조사에서는 메이플 시럽의 맛을 흉내 낸 싼 설탕 옥수수 시럽을 팔고 있어요.
  하지만 한국에서는 미국처럼 매일같이 팬케이크나 프렌치 토스트를 해먹는 것이 아니기 때문에 혹시나 시럽을 구입할 때는 다소 비싸더라도 반드시 캐나다 산(유기농이면 더 좋아요) 메이플 시럽을 구입하세요.

Start Cooking

1. 우유와 달걀을 잘 섞은 후에 반으로 자른 식빵을 앞뒤로 잘 묻혀주세요.
2. 달걀흰자에 두부를 으깨어 넣고 잘 섞은 후에 프라이팬에서 익혀주세요.
3. 달걀옷을 입은 식빵은 기름을 살짝 두른 팬에 노릇하게 구워냅니다.

* 모짜렐라 또띠아 말이
Breakfast Tortilla Wrap

같은 오믈렛이지만 또띠아에 돌돌 말아주면 색다른 오믈렛 아침식사가 돼요. 매일 아침 채소를 썰고 다지는 번거로움을 피하기 위해 항상 사용하는 시금치나 당근 같은 재료는 미리 한꺼번에 손질해서 냉동시켜 놓고 요리할 때마다 조금씩 사용하면 시간도 절약되고 분주한 아침마다 한결 편해질 거예요. 부드러운 속재료들이 쫀득하고 짭짤한 모짜렐라 치즈와 또띠아가 어우러진 담백한 아침을 맞이해보세요.

 Ingredients. . .

재료 2인분

또띠아 4장, 달걀 4개, 유기농 우유 4Tbs, 데쳐서 냉동시킨 시금치 2Tbs 또는 날시금치 한 주먹, 데쳐서 냉동시킨 당근 2Tbs 또는 데친 당근 ½토막 잘게 다진 것, 모짜렐라 치즈 ½컵, 유기농 오메가3 호두유 또는 포도씨유 조금씩

Joanne's Tip

- 기름을 치지 않은 프라이팬을 중불에 살짝 달구어서 또띠아를 앞뒤로 5초 정도 데우면 훨씬 부드러워지고 맛도 좋아요.
- 50, 52페이지의 당근과 시금치 냉동보관법을 참조하세요.

Start Cooking

1. 냉동실에 넣어둔 시금치와 당근을 뚝뚝 잘라 그릇에 담아놓습니다.

2. 모든 재료들을 알맞게 손질해서 준비해주세요.

3. 준비된 재료에 우유와 달걀을 넣어주세요.

4. 포크로 잘 섞어주세요.

5. 은근한 불에 달군 프라이팬에 한 국자씩 떠 넣고 모짜렐라가 보글보글 녹으면 뒤집어서 익혀주세요.

6. 오믈렛이 만들어지면 살짝 데운 또띠아 위에 올려서 돌돌 말아주세요.

*바나나 소고기 채소밥
Sweet Banana Beef and Vegetable Rice

매일 먹는 밥에 살짝 알록달록한 색깔의 변화를 주면 밥을 잘 안 먹는 아이들도 맛있게 먹을 수 있을 거예요. 잡곡 밥도 콩밥도 아닌 아이들이 좋아하는 바나나를 넣어서 달콤하고 담백하게 만들어보았어요. 칼륨이 풍부한 바나나와 섬유소 그리고 비타민 A가 많은 당근이 들어가서 달짝지근하고 고기의 고소하고 쫄깃한 맛이 한 끼 식사로도 손색 없는 균형 잡힌 아침식사랍니다.

 Ingredients. . .

재료 2인분

잡곡 또는 쌀 1컵, 물 1컵, 당근 한 줌, 완두콩 한 줌, 바나나 1개, 불고기나 로스용 소고기 100g, 간장 1Tbs, 키위 $\frac{1}{4}$쪽, 흑설탕 · 참기름 $\frac{1}{2}$Tbs씩, 후춧가루 조금

Joanne's Tip

- 키위에는 고기의 단백질을 분해하여 연하게 만들어주는 효소인 액티니딘(actinidin)이 다량 함유되어 있어 기름기 없는 고기를 연하게 만들 때 사용하면 좋아요. 이렇게 고기의 연육작용을 돕는 과일로는 배와 파인애플도 있지요. 단, 너무 많이 사용하면 고기의 결이 완전히 분해되어 고기의 형체가 없어질 정도로 단백질이 녹을 수 있으니 키위 반 개 정도에 고기 한 근 정도면 적당합니다. 또한 라이텍스(수술용 장갑처럼 생긴 고무장갑)나, 파파야, 파인애플 등에 알레르기가 있다면 키위 섭취 시 가려움증을 동반하고 입 주위가 벌겋게 부어오를 수 있으니 주의하세요.
- 바나나 소고기 채소밥에는 따로 간이 되어 있지 않아 담백해요. 간간한 간을 좋아하는 아이들이라면 간장이나 유기농 케첩에 비벼 먹어도 맛있어요.
- 고기는 불고기 양념으로 미리 만들어놓은 것을 사용해도 좋고 닭고기 또는 돼지고기로 해도 좋아요. 완두콩은 생완두콩이나 맛있는 강낭콩, 서리태를 사용해도 좋아요.

Start Cooking

1. 기름기 없는 소고기를 잘게 썰어 간장과 흑설탕, 참기름, 키위, 후춧가루를 적당량 넣고 잘 섞어 재워놓으세요.

2. 재워놓은 소고기를 기름을 살짝 두른 프라이팬에 올려서 맛있게 볶아주세요.

3. 먹기 좋은 사이즈로 깍둑썬 당근과 바나나, 잘 익은 고기와 쌀을 밥통에 넣은 후 질게 먹고 싶으면 물 1½컵을, 되게 먹고 싶으면 쌀과 같은 양의 물을 넣고 밥 기능 버튼을 눌러주면 됩니다.

4. 냉동용 완두콩을 사용할 경우에는 밥을 다 지은 후에 밥을 떠서 밥그릇에 담은 다음 섞어주면 그대로의 색이 예쁘게 나옵니다. 생완두콩을 사용할 때는 밥을 지을 때 함께 넣어서 익혀주세요.

*애호박 당근 호두 파워 머핀
Zuccini Carrot Walnut Muffins

출근하는 남편 챙기랴 아이들 가방 봐주랴 정신없는 아침. 일주일에 한 번 정도는 간단하게 머핀과 우유 한 잔으로 가족들의 하루를 열어주세요. 머핀은 미리 만들어놓고 아침에 오븐에 살짝 데워 아이들이 좋아하는 잼이나 버터를 발라주세요. 아빠는 따뜻한 녹차 한 잔, 아이들은 따뜻한 우유나 두유와 함께 여는 아침! 엄마의 수고를 한결 덜 수 있는 아침 메뉴랍니다. 엄마의 정성과 사랑도 듬뿍, 단백질과 섬유소, 비타민, 무기질 그리고 아마씨로부터 오메가3 지방산도 가득 챙길 수 있는 파워 머핀이에요.

 Ingredients. . .

재료 머핀 24개

간 호두 $\frac{1}{2}$컵, 아마씨 $\frac{1}{2}$컵, 간 당근 1컵, 간 애호박 1컵, 흑설탕 1컵(덜 달게 먹고 싶다면 $\frac{1}{2}$컵), 유기농 호두유 1컵, 달걀 3개, 유기농 통밀가루 3컵, 소금 $\frac{1}{2}$Tbs, 베이킹파우더 2Tbs, 계피가루 1Tbs, 바닐라 혹은 아몬드 엑스트랙 2Tbs, 저지방 우유 1컵

 **Joanne's Tip**

- 구운 머핀이 너무 많아 다 먹지 못하신다면 공기가 통하지 않는 용기나 냉동용 비닐봉지에 넣어 냉동보관(2개월 정도)하고, 먹기 하루 전날 꺼내 냉장고에서 해동시킨 후 토스터에 데워 먹으면 좋아요.

Start Cooking

1. 오븐은 180℃로 예열하고, 호두는 믹서기에 넣고 잘게 갈아주세요. 당근과 호박은 한꺼번에 믹서기에 잘게 다져서 미리 준비한 볼에 담아주세요. 믹서기가 없으면 최대한 잘게 다져주면 돼요.

2. 큰 볼에 호두유와 설탕을 넣고 잘 섞어주세요. 설탕이 기름과 완전히 섞여 불투명해지면 여기에 달걀, 바닐라 액스트랙을 넣고 잘 섞은 후 나머지 재료를 다 넣고 섞어주세요.

3. 잘 섞인 재료가 준비되면 머핀 틀에 머핀 종이를 깔고 머핀 믹스를 조금 넣어주세요. 머핀 틀이 없으면 큰 베이킹 틀에 구워도 됩니다. 크고 깊은 틀에 구울 때는 시간을 연장해야 잘 익습니다.

4. 미리 예열된 오븐에 넣어 35분 정도 구워주세요.

5. 오븐에 따라 익는 시간이 차이가 날 수 있으니 나무 꼬챙이로 가운데를 꼭 눌렀다 빼보세요. 밀가루가 묻어나오면 더 익히고 꼬챙이가 깨끗하게 나오면 다 익은 겁니다.

6. 머핀이 다 익으면 꺼내서 식히고 김이 빠진 머핀은 통에 잘 담아 냉장보관해주세요. 아침식사용으로 토스터에 잘라 따뜻하게 데워 먹어도 좋고 간식으로도 활용도가 높은 머핀이 될 거예요. 토스터에 넣을 때는 반으로 잘라 넣어주세요.

* 유기농 코코아 호두 팬케이크
Organic Cocoa Powder Walnut Pancake

아이들이 우유에 타먹는 유기농 코코아로 초콜릿 팬케이크를 만들어보았어요. 코코아의 단맛과 호두가루의 고소한 맛 때문에 시럽 없이도 그냥 먹을 수 있는 맛있는 팬케이크랍니다. 팬케이크 재료를 요리 하루 전날 준비했다가 그대로 구워주면 바쁜 아침에도 후다닥 만들어줄 수 있어 편하고 아이들에게도 점수를 딸 수 있는 일석이조의 아침 메뉴가 될 거예요.

 Ingredients. . .

재료 4인분

유기농 통밀가루 1컵, 유기농 코코아 파우더 $\frac{1}{2}$컵, 베이킹파우더 1Tbs, 달걀 1개, 호두가루 $\frac{1}{4}$컵(또는 아마씨나 발아 현미씨), 우유 $1\frac{1}{2}$컵, 소금 · 유기농 호두유 조금씩

98

Joanne's Tip

• 편식하는 아이들을 위한 몇 가지 팁을 알려드릴게요.
　·채소를 안 먹는 아이: 아이들이 싫어하는 채소가 있다면 채소를 완전히 갈거나 또는 잘게 썰어 팬케이크 믹스에 섞어주면 색깔 때문에 채소가 들어 있는지 모르고 잘 먹을 거예요.
　·고기를 안 먹는 아이: 팬케이크 믹스에 고기가루를 4Tbs 정도 섞으세요. 고기가루 때문에 빽빽하지 않아 그냥 고기보다 훨씬 좋아할 거예요.
　·두부를 안 먹는 아이: 순두부나 연두부 또는 생두부를 섞어주세요. 그리고 우유 1컵을 넣고 잘 저으면서 되기를 조절해주세요.

Start Cooking

1. 팬케이크에 필요한 재료를 모두 볼에 담아 주세요.

2. 재료가 모두 준비되면 통밀가루, 유기농 코코아 파우더, 베이킹파우더, 호두가루, 소금, 달걀, 호두유를 넣고 살짝 저어주세요.

3. 우유를 재료에 서서히 넣어서 잘 섞어주세요.

4. 스푼으로 떠보았을 때 뚝뚝 떨어지는 되기면 적당한 반죽이에요.

5. 팬케이크를 올린 후 윗면에 구멍이 숭숭 3개 정도 뚫리면 뒤집어 1분 정도 더 익힙니다.

* 로즈마리 감자 피자

Rosemary Potato Pizza

독특한 향과 특유의 맛을 간직한 로즈마리는 양고기 같은 고기의 잡냄새를 잡기 위해 음식에 사용하기도 하고 피부 미용 개선을 위한 화장품으로도 만들어지고 있으며 건강 보조식품으로도 각광받는 식물 중 하나입니다.

로즈마리에 들어 있는 항산화 물질, 즉 산화방지제는 우리 신체 내에 세포를 손상시키는 활성산소로부터 보호해주는 역할을 합니다. 또한 피부 노화 방지에도 한몫을 하고 두통에도 좋고 체내에 쌓여 있는 노폐물들을 배출하고 부종을 줄이는 데도 좋답니다. 그래서 미국에서는 로즈마리 추출액을 약처럼 복용하는 사람들이 많아요. 우리 아이들에게는 기억력 향상에 좋고 요즘처럼 무서운 전염병이 돌고 있을 때 면역성을 키우는 데도 안성맞춤인 로즈마리로 쉽고 간단한 피자를 만들어 가족 건강 지킴이가 되어보는 건 어떨까요?

 Ingredients. . .

재료 4인분

통감자 5개, 양파 2개, 로즈마리 한 줌(기호에 따라 양 조절), 엑스트라 버진 올리브유 ½컵, 피자빵(식빵이나 바게트도 좋아요) 2개, 모짜렐라 치즈(옵션)·소금·후춧가루 조금씩

Joanne's Tip

- 오븐이 없을 때는 완전히 익힌 감자와 양파 토핑을 빵에 얹고 프라이팬에 얹어서 뚜껑을 닫고 약한 불에 5분 정도 구워내면 돼요.
- 감자를 아주 얇게 썰어 빵 위에 놓고 오븐에서 익혀도 됩니다.

Start Cooking

1. 오븐은 180C°로 맞추어 예열해주세요. 감자와 양파는 채칼로 얇게 채를 썰어서 준비해주세요.

2. 감자는 김이 오른 찜통에 10분 정도 익힌 후 김을 빼주세요.

3. 아주 약한 불에 올린 팬 위에 올리브유를 두르고 달구어지면 로즈마리 다진 것을 넣고 향을 내주세요.

4. 준비된 오일 위에 채썬 양파와 소금, 후루를 뿌리고 양파가 투명해 질 때 까지 볶아주세요.

5. 준비된 피자빵에 준비된 감자를 올리고 양파 볶은 것을 잘 얹어주세요.

6. 모짜렐라 치즈를 풀아하면 준비된 토핑 위에 치즈를 뿌려주고 치즈 없이 준비된 도핑을 얹어 구워도 맛있어요.

* 아스파라거스 튀김꽃 새우 튀김
Asparagus Coated Deep Fried Shrimp

튀김은 어른이나 아이들 모두 좋아하는 음식이죠. 튀김옷의 비밀은 반죽에 있어요. 얼음처럼 차가운 물과 차가운 밀가루 그리고 뜨거운 기름, 이 3가지만 잘 조화되면 누구나 바삭하고 맛있는 튀김옷을 만들 수 있어요.

튀김옷을 만들 때 가장 중요한 것은 얼음물에 밀가루를 넣은 후 밀가루가 너무 풀어지지 않게 해주는 거예요. 너무 많이 저어주면 밀가루 안에 있는 단백질(gluten)이 형성돼서 반죽이 질겨지게 돼요. 오늘은 이러한 점을 이용해서 집에서도 일식집 못지않은 바삭한 아스파라거스 새우 튀김을 만들어보아요. 그리고 우동과 함께 곁들여주면 맛있고 영양 가득한 한 끼 식사가 된답니다.

Ingredients. . .

재료 2인분

달걀 1개, 밀가루 1컵, 얼음물 1컵(냉장되어 있는 차가운 물을 사용하거나 얼음을 제외한 얼음물), 생새우 10마리, 아스파라거스 10대, 소금 조금

Joanne's Tip

- 요리 하루 전날에 반죽 재료를 모두 냉장고에 넣어두고 튀기기 바로 직전에 반죽을 만들어 사용하면 좋아요. 반죽이 차가울수록 그리고 기름의 온도는 190℃ 이상이 되면 튀김옷을 바삭하게 튀겨낼 수 있어요. 튀김꽃을 만들고 싶으면 손가락 3개(엄지, 검지, 중지)를 모아 반죽에 살짝 묻혀 바로 빼서 튀겨지고 있는 새우 튀김 위로 몇 번 탈탈 털어주면 예쁜 꽃이 만들어져요.
- 밀가루 반죽을 떨어뜨렸을 때 가라앉았다 바로 위로 뜨지 않고 중간 정도 올라오면 튀기기 적당한 온도예요. 튀김용으로 사용할 수 있는 기름은 발연점이 높은 땅콩유나 해바라기씨유, 홍화유, 유기농 카놀라유가 좋아요.
- 남은 반죽은 프라이팬에 부쳐서 부침개를 하거나 김치 혹은 다른 채소를 함께 섞어서 부침개를 만들어 먹어도 좋아요.

신선한 새우 고르기

1. 가장 신선한 새우는 살아 있는 생새우입니다. 하지만 생새우가 아닌 것을 구입할 경우 머리와 몸통 쪽을 잘 보고 머리색이 검게 변하지 않은 것을 고르세요.

2. 새우에 수염이 제대로 붙어 있는지 확인하세요. 수염이 붙은 새우가 냉동보관하지 않은 새우들입니다.

3. 얼음 상자 위에 놓여 판매되는 새우인지 꼭 확인하세요.

4. 새우의 냄새를 맡았을 때 바다 냄새가 나는 것이 싱싱한 새우입니다. 만약 새우에서 암모니아 냄새가 난다면 변질된 것이에요.

5. 새우는 핑크빛이나 회색빛을 띠는 것이 좋아요. 그리고 새우를 만졌을 때 미끈미끈하지 않고 단단한 것을 골라야 합니다.

6. 살이나 껍질에 검은 반점들이 있는 새우는 구입하지 마세요.

7. 냉동새우일 경우에는 대부분 머리를 제거한 새우들이 많아요. 냉동새우는 생새우보다는 약간 비린 맛이 강하게 나는 것이 특징이지만 냉동새우도 국이나 찌개, 튀김용으로도 손색이 없어요.

Joanne's Tip

튀김용 새우 손질하기

1. 새우의 몸통을 잘 잡고 머리를 살짝 분리해주세요.

2. 새우 꼬리 쪽에 뾰족하게 나와 있는 물주머니를 가위로 제거하세요. 뜨거운 기름 속에서 펑하고 터질 수 있기 때문입니다. 그리고 칼등으로 꾸욱 눌러 물을 제거합니다. 꼬리 부분에 검고 얇은 막을 칼등으로 살살 긁어내면 튀긴 후 예쁜 주황빛 꼬리가 돼요.

3. 새우 껍질을 발부분에서 꼭 잡고 꼬리 부분 쪽에 한 단 정도 남기고 까주세요.

4. 껍질을 깐 새우의 등 쪽으로 잘 보면 길고 검은 내장이 보입니다. 내장이 있는 쪽으로 이쑤시개를 넣어 내장을 깨끗하게 빼주세요. 내장을 깨끗하게 제거하지 않으면 나중에 쓴맛이 나고 지금거릴 수 있어요.

5. 껍질을 깐 새우는 등 쪽으로 눕힌 후 서너 번 사선으로 칼집을 넣어주세요.

6. 칼집이 들어간 새우는 중간을 꾸욱 한 번 누르면 튀김용 새우 준비 끝!

싱싱한 아스파라거스 고르기

아스파라거스를 고를 때에는 밑 부분이 얼음물에 담겨 있는 것을 고르세요. 제일 윗부분이 뭉개졌거나 물러서 냄새가 나는 것은 신선하지 않은 것이니 피하시고요. 아스파라거스는 단단하면서 똘망똘망하게 생기고 암모니아 냄새가 나지 않는 것이 신선한 것입니다. 이파리가 누워 있는 것은 피하세요.

아스파라거스 손질법

1. 아스파라거스의 끝부분에서 약 2cm 정도 되는 곳은 섬유질이 많고 질긴 부위라 음식을 했을 때 감이

104

Joanne's Tip

안 좋아요. 아스파라거스의 끝 쪽을 손으로 잡고 휘었을 때 상쾌한 소리로 툭 하고 부러지는 부분이 있어요. 이 부분을 먼저 제거해주세요.

2. 아스파라거스의 표면에 붙어 있는 작은 잎들과 껍질은 필러로 깎아주세요. 아스파라거스를 눕힌 상태에서 그대로 위에서 아래로 벗겨주면 손질이 끝납니다

새우 머리와 껍질로 육수내기

1. 머리와 껍질은 흐르는 물에 한번 씻어 뜨겁게 달군 냄비에 기름을 살짝 치고 달달 볶아주세요.

2. 새우 껍질이 주황색으로 예쁘게 변하면 물을 넣고 팔팔 끓여주고 떠오르는 거품은 제거해주세요.

3. 새우의 껍질과 머리에서 맛이 한껏 우러나면 체에 받쳐 육수만 받아주세요.

4. 만들어진 육수로 생선 매운탕을 끓여 먹어도 맛있고 고추장 두부 무 찌개를 끓여 먹어도 맛있습니다. 식성에 따라 맞추어 드세요.

5. 만들어진 육수는 냉장고에 보관하여 5일 이내로 드시고 냉동보관은 한 달 이상 가능해요.

Start Cooking

1. 튀김 재료를 모두 준비하고 새우도 깨끗하게 손질해주세요.

2. 손질된 새우의 배 쪽에 칼집을 넣어 길게 핍니다. 아스파라거스도 손질해서 잘게 썰어주세요. 아스파라거스는 잘게 썬 다음에 페이퍼 타월 위에 놓고 수분을 제거해주세요.

3. 얼음물에 달걀과 밀가루를 넣고 잘게 썬 아스파라거스도 함께 넣어주세요.

4. 젓가락으로 대각선을 그리듯 몇 번 저어주세요. 밀가루 가루가 몽글몽글 남아 있어도 괜찮아요.

5. 새우에 밀가루를 살짝 입혀 탈탈 털어서 준비된 튀김옷을 입혀주세요.

6. 190℃ 가량으로 달궈진 기름에 새우 한두 개 정도만 넣고 튀겨주세요. 새우를 너무 많이 한꺼번에 넣으면 기름의 온도가 떨어져 바삭한 튀김옷이 만들어지지 않아요.

* 당면꽃 새우 튀김
Clear Noodle Deep Fried Shrimp

이상하게 튀김옷이 바삭하게 안 되는 분들 많으시죠? 그럴 때는 밀가루 반죽 튀김옷을 만들지 말고 돈가스 만들 때 사용하는 빵가루 옷을 입혀 튀겨보세요. 튀김옷이 약간 두꺼워지지만 나름 바삭하고 맛있어요.
이번에는 조금 색다르게 튀김옷의 바삭함을 멋지게 감출 수 있는 당면으로 새우 튀김을 만들어보려고 해요. 당면이 뜨거운 기름 속으로 들어가면서 3D 효과를 내듯 멋있게 부풀어 올라 아이들의 눈과 입을 모두 즐겁게 해줄 수 있는 쉽고 간단한 새우 튀김이 될 것 같아요.

Ingredients. . .

재료 2인분

달걀 흰자 1개, 밀가루 $\frac{1}{2}$컵, 얼음물 적당히,
당면 조금(혹은 은행), 새우 10마리

Joanne's Tip

• 당면 대신 은행을 얇게 썰어 새우에 묻혀 튀겨보세요. 은행의 옥색과 새우의 빨간색의 조화가 너무 예뻐요. 은행을 입은 새우 튀김은 아빠 술안주로도, 아이들 간식으로도 좋은 메뉴가 될 거예요.

Start Cooking

1. 튀김 재료를 모두 준비하고 새우는 손질해주세요.(103페이지 참조)

2. 믹서기가 있다면 당면을 넣고 잘게 잘릴 때까지 돌려주세요. 가위로 잘라도 되지만 시간도 많이 걸리고 손이 아플 수 있어요.

3. 잘게 잘린 당면을 한 켠에 준비해두고 손질한 새우는 밀가루, 달걀 순으로 옷을 입힌 후 당면을 살짝살짝 돌려가며 묻혀주세요.

4. 당면을 입힌 새우는 200℃로 달구어진 기름에 넣고 튀깁니다.

* 치킨 애호박 파마잔 크루아상 샌드위치

Zucchini Chicken Parmigiana on a Croissant

모든 아이들이 좋아하는 돈가스, 피자, 스파게티의 메인 재료를 이용하여 만들어본 음식입니다. 닭가슴살로 바삭하게 튀겨 만든 치킨가스에 스파게티 소스를 얹고 피자 치즈를 올려 만든 샌드위치예요. 치킨 사이에 쏙 숨어 있는 호박을 찾아 먹는 즐거움도 맛볼 수 있고 또 피자처럼 입안 가득 퍼지는 토마토 소스와 담백한 닭고기의 육질, 부드러운 크루아상이 아이들에게 행복한 점심 시간을 가져다줄 거예요.

Ingredients. . .

재료 2인분

닭가슴살 1쪽, 애호박 슬라이스 4쪽, 달걀 2개,
크루아상 2개, 통밀가루 · 빵가루 · 토마토
소스 · 모짜렐라 치즈 조금씩

Joanne's Tip

- 크루아상이 없을 시에는 식빵에 끼워주어도 좋고, 샌드위치와 맛있는 채소 샐러드와 함께 곁들여주면 좋아요. 빵이 싫은 분들은 밥이나 파스타와 함께 먹어도 좋은 한 끼 식사가 된답니다.

Start Cooking

1. 애호박은 채칼로 밀어주듯이 얇게 썹니다. 채칼이 없을 때는 최대한 얇게 썰어 뜨거운 소금물에 한 번 데쳐 사용하면 좋아요.

2. 닭가슴살은 기름기를 제거하고 반을 자른 후 닭가슴살 중간에 칼집을 깊숙하게 내어 반으로 잘라줍니다. 그리고 준비된 애호박을 칼집 사이로 넣어주세요.

3. 애호박의 모서리가 나오지 않도록 한 번 다듬어주고 닭고기 살을 잘 닫은 후 밀가루, 달걀, 빵가루를 입혀 준비해주세요.

4. 3번을 튀김용 기름에 튀김옷이 갈색이 될 때까지 바삭하게 튀겨주세요.

5. 4번 위에 좋아하는 토마토 소스를 얹고 모짜렐라 치즈를 얹어 200℃로 예열된 오븐에서 치즈가 완전히 녹을 때까지 5분 정도 구워내고 크루아상에 예쁘게 끼워내주세요.

* 땅콩 소스 볶음우동
Creamy Peanut Sauce Udon Noodle

고소하고 부드러운 땅콩 소스가 듬뿍 뿌려진 쫄깃한 우동의 면발이 입안 가득 들어오면 기분이 어떠실 것 같아요? 양질의 단백질과 질 좋은 필수지방산이 함유되어 있는 고기와 땅콩을 비롯하여 비타민과 섬유소가 풍부한 당근과 호박, 양파가 함께 어우러져 한 끼 영양 식사로도 손색이 없을 것 같죠? 저는 아이들이 좋아하는 땅콩잼을 약간 색다르게 만들어서 볶음우동을 만들어보았어요. 소스에 식초가 들어가 새콤하고, 메이플 시럽을 사용해서 달콤하며, 땅콩 소스로 고소하기까지 한 볶음우동을 만들어보세요.

Ingredients. . .

재료 2인분

크리미 땅콩 소스(63페이지 '크리미 땅콩 소스' 참조), 생우동 2인분, 샤브샤브용 소고기 200g, 당근 1개, 호박 1개, 양파 1개, 진간장 · 참기름 · 흑설탕 · 후춧가루 · 유기농 호두유 조금씩

Joanne's Tip

- 생우동이 없을 경우에는 스파게티면이나 시판용 우동을 사용하셔도 좋아요.
- 당근은 익는 속도가 더디기 때문에 끓는 소금물에 미리 한 번 익혀서 사용하면 좋아요. 당근이 얇기 때문에 끓는 물에 약 2~3분 정도 삶아주고 건지기 전에 호박도 넣어 30초 정도 있다 함께 건져 찬물로 한번 헹구어 사용하시면 우동과 채소가 모두 부드러워 입안에서 따로 겉돌지 않을 거예요. 만약 채소의 씹히는 맛을 원할 경우에는 삶지 말고 그대로 사용하세요.
- 이 레시피는 뜨겁게 먹어도 맛있고 차갑게 먹어도 맛있어요.

Start Cooking

1. 샤브샤브용 소고기는 가늘게 채썰어 진간장, 참기름, 흑설탕, 후춧가루를 살짝 치고 밑간을 해주세요.

2. 당근과 호박은 채소 필러로 얇게 편을 밀어놓습니다.

3. 30분 정도 재워놓은 소고기는 프라이팬에 올려 잘 익혀주세요.

4. 끓는 물을 준비하고 생우동이 맛있게 익도록 익혀주세요. 생우동이 다 익으면 체에 받쳐 찬물로 바로 헹구어 면발의 쫄깃함을 살립니다.

5. 잘 달궈진 프라이팬에 기름을 살짝 두르고 채소를 넣어 양파가 투명해질 때까지 볶다가 우동을 넣어줍니다.

6. 우동을 넣은 후 불을 약하게 줄이고 준비된 땅콩 소스를 원하는 만큼 얹어 잘 섞어주면 맛있는 땅콩 소스 볶음우동이 됩니다.

* 아보카도 고구마 매쉬 치킨 퀘사디야

Grilled Chicken with Mashed Avocado
& Sweet Potato Quesadilla

아보카도 하나에는 눈을 좋게 하는 카로티노이드 루테인(Carotenoid Lutein)이 81마이크로그램이 들어 있습니다. 성장기 아이들의 눈의 피로를 덜어주고 당근처럼 야맹증을 예방해주는 성분으로 아이들의 지친 눈을 보호해주세요. 적은 양을 섭취해도 무려 20가지가 넘는 비타민과 무기질이 들어 있다고 합니다. 또한 아보카도는 무염분에 무콜레스트롤인 영양 덩어리 과일로 신생아들이 이유식을 처음 시작할 때 먹어도 너무 좋은 과일이에요. 아보카도에는 엽산과, 포타시움, 비타민 E, 철분이 들어 있어 아기의 뇌성장 및 신경계 발달, 면역성 증가에 좋은 영향을 미칩니다. 아보카도의 특이한 향 때문에 싫어하는 아이들이라면 바나나나 고구마와 섞어서 주어 보세요. 이번 레시피는 아보카도의 향과 색 때문에 안 먹는 아이들을 위해 만들어본 음식이에요. 영양도 챙기고 아이들의 까다로운 입맛도 잡을 수 있는 아보카도 고구마 매쉬 치킨 퀘사디야 함께 만들어보아요.

Ingredients. . .

재료 4인분

아보카도 1개, 삶은 고구마 큰 것 1개, 구운 닭가슴살 400g, 모짜렐라 치즈, 또띠아 4장, 소금 · 후춧가루 · 유기농 호두유 또는 유기농 엑스트라버진 코코넛 오일 조금

113

Joanne's Tip

• 모짜렐라 치즈에서 나오는 짭잘한 맛 때문에 따로 간을 하지 않아도 맛있지만 혹시나 짭잘하게 먹고 싶다면 매쉬에 소금간을 살짝 해서 드세요.

아보카도 손질법

아보카도는 반을 잘라주세요. 그리고 한 손에는 아보카도를 잘 잡고 다른 한 손에는 칼을 들고 칼 뒷부분에 힘을 주어 씨를 찍어주듯 내려주세요. 동그란 씨가 칼날에 찍히면 살짝 돌리듯 해서 빼주고 페이퍼 타올을 손안에 잘 감싸서 씨를 빼주시면 됩니다.

 ## Start Cooking

1. 삶은 고구마와 아보카도를 볼에 넣고 잘 섞이도록 으깨주세요.

2. 1번을 또띠아에 반 정도 분량을 넣고 잘 펴주세요.

3. 잘 구운 닭가슴살을 먹기 좋은 크기고 썰어 2번 위에 골고루 뿌려주세요.

4. 3번 위로 모짜렐라 치즈를 뿌리고 반을 접어주세요.

5. 잘 달군 프라이팬에 기름을 살짝 두르고 또띠아를 앞뒤로 바삭하게 구워주세요.

* 바삭한 페이스트리에 쌀인 연어와 감자

Mashed Spinach Potato inside Puff Pastry

슈퍼푸드 중의 하나인 연어는 각종 영양소가 골고루 들어 있는 바다의 보물과도 같습니다. 연어에는 단백질, 칼슘, 마그네슘 및 비타민과 무기질이 풍부하고 몸에 이로운 오메가3 지방산도 풍부하다고 해요. 또한 야생 연어 손바닥 크기 정도에는 하루에 필요한 비타민 D가 들어 있기도 합니다. 하지만 앞서 말씀드렸듯이 연어는 양식보다는 알래스카 산 연어를 구입하도록 하세요. 만약 양식 연어를 구입한다면 껍질은 반드시 벗기고 연어의 기름이 뚝뚝 떨어질 정도로 구운 후 드세요. 유해 성분은 대부분 지방에 녹아 있기 때문입니다. 그럼, 담백한 맛과 필요한 영양소들이 골고루 배합된 연어 페이스트리를 만들어볼게요.

Ingredients. . .

재료 2인분

알라스카 산 야생 연어 휠레 2쪽, 퍼프 페이스트리(Puff Pastry) 2장 또는 크루아상 냉동 생지 4장, 유기농 체다 치즈 2장, 데친 시금치 한 줌, 찐 감자 1개, 간장 1Tbs, 미림 1Tbs, 설탕 $\frac{1}{2}$Tbs, 달걀 1개

Start Cooking

1. 연어는 양념장 재료를 잘 섞은 후에 뚜껑이 있는 용기에 담아 30분 정도 냉장고에 놓아두세요.

2. 찐 감자와 데친 시금치는 믹서기에 넣고 10초 정도 돌려서 부드럽게 으깨주세요.

3. 퍼프 페이스트리 반죽을 냉장고에서 꺼내 밀가루를 바닥에 살짝 뿌리고 밀대로 평평해지도록 밀어 반으로 자른 후 치즈, 연어, 감자 매쉬 순으로 재료를 올려주세요.

4. 나머지 남은 페이스트로 3번을 잘 덮은 후 포크로 가장자리를 돌려 가며 닫아주세요.

5. 달걀 1개를 잘 풀어 페이스트리 위에 골고루 잘 발라주세요.

6. 180℃로 예열된 오븐에서 15분~20분 정도 페이스트리가 부풀어 오를 때까지 바삭하게 구워 주세요.

Joanne's Tip

- 모양 틀이나 밥그릇으로 페이스트리를 찍어내어 예쁜 모양을 만들어도 좋아요.
- 남은 연어와 페이스트리로 만드는 연어 롤리팝과 바나나 크림 치즈 크리스피를 만들어보아요.

연어 롤리팝

1. 남은 연어는 작은 깍뚝썰기를 하고 페이스트리는 얇게 썰어 선물 포장하듯이 십자로 묶어 달걀을 발라 구워보세요. 한입에 쏘옥 들어가서 아이들이 들고 먹기도 편하답니다.

바나나 크림 치즈잼 크리스피

1. 남은 페이스트리는 포크로 숨구멍을 찍어주시고 살구잼이나 집에 있는 잼을 한번 바른 후 바나나와 크림 치즈 넛맥 또는 계피가루를 뿌린 후 달걀옷으로 가장자리를 잘 바르고 나서 180℃도 오븐에 10분 정도 주워 내 주세요.

03. 인기 만점!
맛 만점! 모양 만점!
점심 메뉴

* 달걀 참치 샐러드 샌드위치

Boiled Egg and Tuna Sandwich

아이들이 좋아하는 참치에 삶은 달걀을 보충하여 단백질 함량을 높여보았어요. 밖에서 열심히 땀을 흘리고 뛰어노는 아이들에게는 근육 보강을, 또 열심히 공부하는 아이들의 지친 뇌에는 우수한 단백질을 공급해줄 수 있는 고단백 점심 식사가 될 것 같아요. 참치와 달걀의 부드러움과 샐러리와 당근의 아삭함이 입안에 즐거움을 가득 안겨줄 수 있는 샌드위치가 될 거예요.

Ingredients. . .

재료 2인분

참치 캔 1통, 삶은 달걀 1개, 샐러리 1줄기, 당근 $\frac{1}{2}$개, 양파 $\frac{1}{4}$개, 유기농 올리브유, 마요네즈 2Tbs, 노란 머스터드 1Tbs, 소금 · 후춧가루 조금씩

Joanne's Tip

• 달걀을 삶을 때는 찬물에 달걀이 잠길 정도로 물을 담아 센불에서 끓여주세요. 물이 끓기 시작하는 순간부터 시간을 재서 10분이면 달걀이 잘 삶아진답니다. 다 삶아진 달걀은 재빨리 얼음물 또는 찬물에 담가주세요. 그래야 껍질이 잘 까진답니다.

Start Cooking

1. 샐러리는 섬유소를 제거하고 잘게 깍뚝썰기 합니다. 당근과 양파도 같은 크기로 준비해주세요. 달걀은 삶아서 준비합니다.

2. 모든 재료가 준비되면 볼에 담습니다.

3. 위생장갑을 끼고 손으로 달걀이 으깨지도록 잘 주물러주세요. 재료가 잘 섞이고 난 후 소금과 후춧가루로 입맛에 맞게 간을 맞춰 주세요.

4. 준비된 빵에 샐러드를 잘 펴주고 오이나 양상추, 토마토도 함께 곁들여 먹으면 좋아요.

* 크리미 겨자 소스 어묵 떡볶이
Creamy Dijon Mustard Sauce Rice Cake

디종 머스터드(Grey Poupon Dijon Mustard)는 여러 음식에 다양하게 사용할 수 있는 소스입니다. 이태리식 크림 스파게티에 곁들여도 좋고 싱싱한 연어에 소금만 살짝 뿌려 구워서 이 소스를 얹어도 맛있습니다.

단, 디종 머스터드는 고단백, 고지방, 고칼로리이므로 너무 자주, 많이 먹는 건 자제해주세요. 가끔 색다른 음식이 먹고 싶을 때나 크림 소스에 범벅이 된 이태리식 뇨끼가 먹고 싶을 때 조랭이 떡으로 바꿔주면 이태리식 못지않은 음식이 된답니다. 요즘처럼 외식 문화에 익숙한 아이들의 입맛에 맞는 색다른 떡볶이가 될 거예요.

Ingredients. . .

재료 4인분

버터 1Tbs, 파 다진 것 한 줌, 플레인 요거트 1개, 생크림 또는 생우유(요거트와 같은 양), 그레이 푸폰 디종 머스타드(요거트의 반 정도), 레몬 $\frac{1}{4}$쪽, 조랭이 떡 30개, 어묵 조금

Joanne's Tip

• 남은 소스는 공기가 통하지 않는 통에 잘 담아 생선구이나 찐 감자에 찍어 먹어도 맛있습니다.

Start Cooking

1. 파는 송송 썰고 아이들이 좋아하는 어묵과 조랭이 떡 및 기타 재료들을 준비합니다.

2. 약불로 달구어진 냄비에 버터를 넣고 녹인 후 파를 넣고 파가 흐믈흐믈해질 때까지 볶아주세요.

3. 파가 투명해지면 헤비크림을 넣어 중불에서 크림이 살짝 졸아들 정도로 5~10분 정도 끓여주세요.

4. 헤비크림이 살짝 졸면 플레인 요거트와 디종 머스터드를 넣고 잘 섞은 후 약불에서 끓여주세요.

5. 스푼으로 살짝 떴을 때 스푼에 묻어지는 징도가 좋은 되기예요. 어느 정도 졸아든 소스에 레몬즙을 뿌려 맛을 낸 후 간을 맞추면 됩니다.

6. 준비된 떡과 어묵을 넣은 냄비에 소스를 자작하게 넣고 잘 섞은 뒤에 살짝 한 번 끓이면 됩니다.

NewYork Style Dining Table

Part 05.

아이 사랑이 돋보이는
퓨전요리

01. 김치 퓨전 요리

* 김치 치킨 소시지 꼬치
Kimchi Chicken Sausage

김치의 매운맛 때문에 또는 젓갈 특유의 향 때문에 김치를 안 먹는 아이들을 위해 만들어본 요리입니다. 고단백 저지방인 닭가슴살에 김치가 속속들이 들어가 아삭아삭 씹히는 맛도 있고 꼬치를 들고 먹는 재미가 쏠쏠한 간식입니다. 김치를 고기와 함께 섭취하면 위장 내에 팩틴의 분비를 촉진시켜서 소화흡수 작용을 원활하게 하고 김치 속에 들어 있는 무기질과 비타민을 함께 섭취할 수 있어 일석다조의 간식이 아닐까 생각이 들어요. 탄수화물 섭취가 너무 많은 아이들에게는 단백질 위주로 된 김치 치킨 소시지 꼬치와 채소 샐러드 하나면 좋은 한 끼 식사가 되겠죠!

 Ingredients. . .

재료 4인분

닭가슴살 400g, 김치 200g(배춧잎 5장 정도), 다진 파(종이컵 $\frac{1}{2}$컵 정도), 양파 작은 것 1개, 녹말가루 · 후춧가루 조금씩

Joanne's Tip

- 남은 소시지는 서로 붙지 않도록 간격을 두어 냉동시키고, 완전히 언 소시지는 냉동용 지퍼백에 담아 보관하면 편합니다. 그러면 갑자기 찾아온 손님 접대용으로도 좋고 아빠 술안주로도 좋아요.

Start Cooking

1. 우유에 30분 정도 재워놓은 닭가슴살을 건져 페이퍼 타월로 짜서 남아 있는 수분을 완벽히 제거한 후 믹서기에 넣어 갈아주세요.

2. 김치는 흐르는 물에 잘 씻어 최대한 물기를 쫙 빼고 믹서기에 갈거나 잘게 다져놓고 파와 양파도 커터기에 넣어 잘게 다져놓으세요.

3. 볼에 모든 재료를 넣고 잘 버무려주세요.

4. 예쁘게 손가락 모양으로 모양을 만들어주세요.

5. 기름을 두른 프라이팬에 준비된 소시지를 노릇하게 구운 후 꼬치에 끼워 검은 깨소금이나 아마씨를 뿌려냅니다.

* 김치 새우 버거
Kimchi Shrimp Berger

아이들이 좋아하는 햄버거에 김치와 새우, 두부를 넣어 만들어보세요. 새우와 두부의 담백한 맛과 김치의 아삭한 맛이 곁들여져 맛있는 햄버거 패티가 된답니다. 두부와 새우의 우수한 단백질과 김치의 유산균, 시금치의 비타민과 철분, 아마씨의 오메가3 지방산은 두뇌에 좋은 영양분을 공급해줍니다. 김치 새우 버거는 갑자기 아이들의 친구가 찾아왔을 때 간식으로도 쉽게 준비할 수 있는 영양 만점 실용 메뉴입니다.

 # Ingredients. . .

재료 4인분

왕새우 8마리, 김치 잎 2장, 두부 $\frac{1}{2}$모, 시금치 한 줌, 아마씨 1Tbs, 녹말가루 1Tbs, 달걀 1개, 밀가루 · 빵가루 조금씩

126

Joanne's Tip

- 남은 김치 새우 버거는 서로 붙지 않도록 간격을 두어 랩에 잘 싸서 냉동시키고, 완벽히 언 패티는 냉동용 지퍼백에 한데 넣어 보관하여 사용하세요.

Start Cooking

1. 시금치는 깨끗이 씻어 준비하고 김치는 아이들이 매운 것을 좋아하면 속만 털고 매운맛을 싫어하면 깨끗이 씻어주세요.

2. 모든 재료를 믹서기에 넣고 갈아주세요.

3. 재료를 4등분하여 예쁘게 패티를 만듭니다.

4. 준비된 튀김옷(밀가루, 달걀, 빵가루 순으로)을 입혀주세요.

5. 잘 달궈진 프라이팬에 올려 앞뒤로 노릇노릇하게 구워냅니다.

* 김치 새우 콘카세
Kimchi Shrimp Concasse

콘카세(Concasse)라는 단어가 좀 생소하죠? 콘카세라는 말은 프랑스어인데요. 토마토의 껍질을 벗겨 씨를 제거한 후 일정한 간격으로 잘게 깍뚝썰기해서 토마토와 같은 사이즈의 마늘과 양파, 샐러리 같은 채소를 넣고 조려서 걸쭉하게 만들어 낸 소스를 말합니다.

피자나 스파게티의 맛에 길들여진 아이들이 쉽게 김치를 먹을 수 있도록 만들어본 레시피예요. 밥 위에 얹은 김치 새우 콘카세와 쫀득하게 녹아 흐른 치즈가 아이들에게 씹는 즐거움을 줄 거예요.

 ## Ingredients. . .

재료 4인분

왕새우 4마리, 토핑용 새우 2마리, 김치 잎 2장, 부추(물기를 꼭 짠 김치 양의 반 정도), 토마토 소스 2Tbs, 유기농 무소금 버터 1Tbs(또는 유기농 기름, 토핑용 모짜렐라 치즈)

• 오븐에서 막 꺼낸 접시는 뜨거우니 조심하세요. 꺼낸 음식은 준비된 다른 접시에 옮겨 담고 노릇하게 구운 새우는 밥 위에 살짝 얹어 내주세요.

Start Cooking

1. 김치는 아이가 매운 것을 좋아하면 살짝 씻고 매운 것을 싫어하면 완전히 씻어 물기를 꼭 짠 후 잘게 다집니다. 새우도 껍질을 까고 등의 이물질을 제거하여 다지고 부추도 잘게 다집니다.

2. 버터를 녹인 프라이팬에 김치와 부추를 넣고 맛있게 볶아주세요.

3. 김치가 맛있게 볶아지면 준비된 새우를 넣고 함께 볶아주세요.

4. 새우가 거의 다 익어갈 무렵 준비된 토마토 소스를 넣고 한 번 더 볶아주세요.

5. 밥 위에 준비된 김치 새우 콘카세를 올리고 모양을 내주세요.

6. 모짜렐라 치즈를 얹어 230℃로 예열된 오븐에 5분 정도 치즈를 녹여주세요.

* 김치 까바델리
Kimchi Cavatelli

이태리의 수많은 파스타 종류 중에 까바델리(cavatelli)라고 불리는 작고 귀여운 파스타가 있어요. 이 파스타는 대개 세모릴라(semolina)라는 파스타용 밀가루와 물, 그리고 리코타 치즈를 섞어 만들기도 한답니다.

이번에 만들어볼 까바델리는 통밀가루로 만들어보려고 해요. 그리고 리코타 치즈를 구하지 못하면 크림 치즈나 뉴샤 델치즈로 대신해도 좋습니다. 김치는 씻지 않고 그대로 속만 털어 사용하여 반죽을 만들고 나중에 버터에 맛있게 볶은 김치와 아이들이 좋아하는 소스로 뒷마무리를 해주면 소스 속에 숨어 있는 배추 잎의 사각거리는 맛과 까바델리의 담백한 맛이 어우러져 김치가 들어 있는지도 모르게 아이들의 입속으로 사라질 거예요.

Ingredients. . .

재료 5인분

치즈 1컵, 김치 1컵, 통밀가루 2컵, 리코타 치즈 또는 크림 치즈 1컵, 김치 1컵, 달걀 1개, 물 2Tbs, 베이킹파우더 $\frac{1}{4}$Tbs, 소금 $\frac{1}{2}$Tbs

Joanne's Tip

- 칼등으로 하기 어렵다면 손으로 반죽을 꾹 누른 후 반죽 위에서 아래로 접듯 살살 내려와주세요.
- 뜨거운 물에서 바로 건진 까바델리를 버터를 두른 프라이팬에 넣고 살짝 볶아 그냥 먹어도 맛있어요. 까바델리 자체는 염분기가 거의 없어 싱거울 수 있으니 살짝 소금 간을 해도 좋아요.
- 크림 치즈로 사용할 경우 크림 치즈를 반드시 실온에 30분 정도 놓았다가 사용하세요. 치즈가 너무 단단하면 김치와 섞을 때 힘들고 반죽할 때도 많이 힘듭니다. 또 크림 치즈는 리코타 치즈보다 반죽에 물이 들어가는 양이 좀 더 많아요. 반죽하면서 수분의 양을 잘 조절해주세요.

Start Cooking

1. 모든 재료들을 양대로 준비해주세요.

2. 속을 털어낸 김치와 치즈를 믹서기에 넣고 김치가 완전히 갈아질 때까지 갈아주세요.

3. 큰 볼에 통밀가루를 넣고 그 위에 간 치즈와 김치, 달걀 1개를 넣고 잘 섞어주세요. 통밀가루 반죽에 간이 살짝 되기를 원하면 소금과 베이킹파우더를 넣어주세요. 하지만 꼭 넣을 필요는 없습니다.

4. 반죽이 어느 정도 섞이면 도마 위나 반죽을 밀 수 있는 넓은 공간 위에 밀가루를 솔솔 뿌려준 후 반죽을 밀다가 되다 싶으면 물을 조금 더 넣어 주무릅니다. 반죽이 계속 손에 묻어날 정도로 질다면 여분의 밀가루를 더 넣어 반죽해주세요. 반죽을 종이 접듯이 접으면서 손바닥으로 세게 밀 듯 반복하여 반죽해주세요. 손에 반죽이 안 묻어 날 정도가 되어야 적당한 상태입니다.

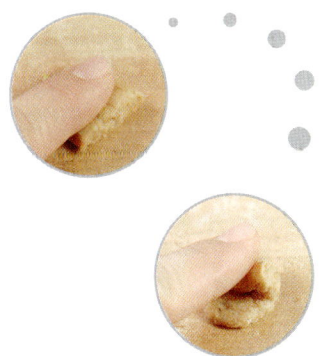

5. 반죽이 5등분이 되도록 손으로 살짝 밀고 칼로 살짝살짝 금을 만든 후 5등분 합니다. 잘린 덩어리는 마르지 않도록 랩을 씌워주세요.

6. 반죽 덩어리 하나를 놓고 반을 잘라 옆으로 길게 되도록 중간에서 옆으로 늘리듯 가운데에서 옆으로 쭉쭉 밀면서 밀어주세요. 길게 늘어진 반죽을 1cm 간격으로 칼로 뚝뚝 잘라주세요.

7. 이제 까바델리 모양을 낼 차례예요. 까바델리 하나씩 밀어야 하는 번거로움은 있지만 손에 익으면 금방 밀 수 있어요. 과도 칼을 잘 잡고 왼손은 칼끝을 눌러주듯이 하면서 칼등 위에서 쭈욱 눌러 아래로 밀어 내려가듯 살살 쓸어내리세요.

8. 끓는 소금물에 준비된 까바델리를 넣어 익혀주세요. 1분 정도면 물 위로 동동 떠오르면 다 익은 거랍니다. 이제 빨리 체로 건져주세요.

9. 물에서 건진 까바델리는 버터를 두른 프라이팬에 살짝 볶은 후 김치와 헤비크림을 살짝 섞은 재료를 넣고 맛있게 볶아주세요. 기호에 맞게 토마토 소스나 치즈 소스, 크림 소스를 곁들여도 좋습니다.

01. 김치 퓨전 요리

* 아스파라거스 토마토 김치 피자
Asparagus Tomato Kimchi Pizza

김치는 이태리 요리와도 상당히 잘 맞는 재료입니다. 이태리 음식의 느끼함을 김치로 잡아줄 수 있고 아이들이 좋아하는 토마토 소스에 모짜렐라 치즈를 살짝 곁들여 김치와 함께 만들어주면 아삭거리는 맛이 피자를 한층 더 먹는 재미를 더해줍니다.

Ingredients. . .

재료 5인분

피자 빵 베이스(집에 있는 빵 또는 바게트) 2장, 잘 익은 김치 1컵, 아스파라거스 ½컵, 방울토마토 8개, 토마토 소스(피자 소스 또는 마리나라 스파게티 소스) 2컵, 토핑용 모짜렐라 치즈 조금

Joanne's Tip

- 아이가 매운 것을 좋아하면 속만 털고 사용해도 좋아요.
- 날김치가 싫으면 버터를 두른 프라이팬 위에 살짝 볶아서 사용해서 좋아요.
- 이 김치 피자는 여러 가지로 응용될 수 있는 레시피예요. 피자 빵에 구워도 되고, 또띠아에 구워도 좋고 남은 식빵이나 바게트 위에 재료를 올려 오븐에 구워도 좋아요.

Start Cooking

1. 김치는 속을 털고 잘 씻은 후 물기를 제거한 후 송송 썹니다. 아스파라거스는 껍질을 벗기고 뿌리의 억센 부분 2cm 정도를 제거한 후 얇은 편으로 썰고 토마토도 편으로 썰어 준비해주세요.

2. 준비된 피자 빵 위에 토마토 소스를 발라 펴주세요.

3. 송송 썬 김치와 모짜렐라 치즈를 올립니다.

4. 토마토와 아스파라거스를 올린 후 400℃로 예열된 오븐에 넣어 치즈가 녹을 때까지 굽습니다.

* 새콤담백 김치 치킨 샐러드
Kiwi Dressing Kimchi Chicken Salad

만두피에 살짝 변신을 주어 만두피 보자기를 만들어보았어요. 바삭하게 구워진 만두피 보자기 속에 숨겨진 새콤담백 아삭한 샐러드와 담백하게 구워진 닭고기, 부드러운 우유 맛 고구마가 입안 가득 퍼지며 아이들의 입안에 새로운 경험을 선사할 거예요.

Ingredients...

재료 보자기 샐러드 20개

보자기 재료: 만두피 20장, 물 스프레이 또는 기름 스프레이 조금씩

키위 샐러드 드레싱: 키위 1개, 꿀 1Tbs, 오메가3 호두유 1Tbs, 소금 조금

샐러드 속 재료: 고구마 1개(미리 삶은), 우유 조금, 닭고기 안심살 400g, 깍뚝썬 김치 한 줌, 잘게 깍뚝썬 빨강 · 노랑 파프리카 한 줌씩, 잘게 깍뚝썬 파슬리 한 줌

Joanne's Tip

• 네모진 만두피를 사용하면 끝이 뾰족해 아이가 먹다 다칠 수 있어요. 네모진 만두피 대신에 둥근 만두피로 사용하면 다칠 염려가 없어요..

Start Cooking

1. 오븐은 200℃로 예열해주세요. 머핀 틀에 만두피를 넣고 물 스프레이를 살짝 뿌려가며 모양을 잡아주세요. 물 스프레이를 뿌려 만두피를 구워주면 만두피가 있는 그대로 담백하게 구워지고 기름 스프레이를 사용할 경우 만두피가 살짝 튀겨진 듯한 느낌으로 구워져요. 200℃에서 15분 정도 살짝 그을린 캐러멜 색이 될 때까지 구워주세요.

2. 키위 드레싱의 재료를 모두 믹서기에 넣고 재료들이 완전히 섞일 때까지 돌려주세요. 만들어놓은 드레싱은 용기에 담아 냉장고에 넣어두세요.

3. 삶아 놓은 고구마에 우유를 조금 넣어 으깹니다.

4. 닭 안심살에 붙어 있는 힘줄을 제거하고 뜨거운 프라이팬에 소금을 살짝 치고 맛있게 굽습니다. 그리고 잘게 깍둑썰기 합니다.

5. 잘게 다져진 샐러드 재료는 볼에 넣고 샐러드를 내기 바로 직전에 키위 드레싱을 넣고 살짝 섞습니다.

6. 만두피 보자기에 으깬 고구마, 채소, 닭안심살 순으로 담습니다.

*두부 김치 라자니아
Tofu Kimchi Lasania

피자나 파스타를 좋아하는 아이들에게 간단하게 만들어줄 수 있는 라자니아를 소개해드려요. 이태리에서는 라자니아에 여러 향신료로 맛을 낸 소시지와 간 고기 등을 넣기 때문에 먹고 나면 무거운 듯한 느낌을 받지만 두부 김치 라자니아는 라자니아 본연의 맛이 우러나면서도 깔끔하고 산뜻한 느낌을 줄 수 있습니다.

고기의 단백질은 식물성 단백질인 두부로 대체했고요. 토마토 소스 속에 버터에 맛있게 볶은 김치와 카로틴과 비타민 A가 풍부한 당근을 넣어 미네랄과 섬유소의 흡수를 한층 더 높일 수 있도록 했습니다. 담백한 리코타 치즈와 함께 섞인 부드러운 두부, 새콤한 김치 토마토 소스가 함께 어우러져 입안에서 녹는 듯이 퍼져가는 즐거움을 아이들에게 선보여 주세요. 이태리 음식이 느끼하다고 생각하시는 어르신들도 의외로 잘 드실 거예요.

Ingredients. . .

재료 10인분

토마토 스파게티 소스 큰 캔 2통, 잘 익은 배추김치 500g, 양파 큰 것 3개, 당근 큰 것 2개, 리코타치즈 600g, 두부 1모, 라자니아 10장, 버터 · 소금 조금씩

Joanne's Tip

• 김치는 속을 털고 잘 씻어 물기를 쭉 뺀 후 버터에 살짝 볶아 사용하면 맛이 더 좋아요. 씻어서 그대로 사용하셔도 괜찮습니다.

Start Cooking

1. 라자니아를 만들 재료와 라자니아가 들어갈 수 있는 오븐용 그릇도 함께 준비해주세요.

2. 깨끗이 씻은 김치와 양파, 당근을 믹서기에 넣고 잘게 다져주세요. 프라이팬에 버터를 녹이고 준비된 채소를 넣고 김치가 맛있게 익도록 볶아주세요.

3. 볶은 채소에 토마토 소스를 넣고 잘 섞은 후 중불에서 보글보글 끓여주세요.

4. 두부는 반으로 잘라 소금을 뿌려 수분을 어느 정도 빼줍니다. 수분기가 빠진 두부를 리코타 치즈에 넣고 손으로 주무르듯이 잘 섞어주세요.

5. 만들어진 소스를 라자니아를 구울 용기의 바닥에 골고루 잘 깔아주세요.

6. 소스 위에 삶지 않은 라자니아를 그대로 편편하게 펴주세요. 용기에 따라 3~4개 이상 바닥이 완전히 덮일 정도로 깔아주세요. 그 위에 두부 치즈를 올립니다. 이렇게 소스, 라자니아, 두부 치즈 순서대로 3단으로 깔아주세요.

* 꿀떡 모짜렐라 김치 고구마 그라탕

Honey Rice Cake with Kimchi Sweet Potato Gratin

쫄깃쫄깃한 쌀떡과 달콤한 꿀, 아삭아삭한 버터 맛 김치와 담백한 치즈가 녹은 그라탕! 치즈가 주욱 늘어나는 재미와 단맛 가득한 고구마와 부드럽고 쫄깃한 맛이 아이들의 입속에서 파티를 하게 될 거예요.

Ingredients. . .

재료 2인분

떡볶이 떡 5개, 삶은 고구마 큰 것 1개, 김치 3Tbs, 토핑용 모짜렐라 치즈 조금, 꿀 2Tbs

Start Cooking

1. 삶은 고구마는 먹기 좋은 크기로 썰고 떡도 아이들의 입에 들어갈 크기로 잘라주세요. 김치는
   속을 털어 잘 씻어 버터에 한 번 볶아주세요.

2. 오븐용 그릇에 고구마를 깔고 김치, 떡을 올린 후에 꿀을 살짝 뿌려주세요.

3. 재료가 모두 그릇에 담기면 모짜렐라 치즈를 골고루 잘 뿌려주세요.

4. 200℃로 예열된 오븐에 준비된 그라탕을 넣고 치즈가 녹을 때까지 대략 10분 정도 구워냅니다.

*미소 된장 새우 크림 파스타

Miso Base Cream Pasta with Shrimp

아이들의 입맛이 점점 서구화되어 가다 보니 한국적이고 토속적인 재료들을 아이들의 입에 맞게 조금씩 변형시켜야 먹는 것 같아요. 이번 레시피는 크림 소스에 미소 된장으로 간을 하듯이 살짝 섞어 만든 미소 된장 새우 크림 파스타 입니다. 크림 파스타를 좋아하는 아이들이라면 모두 좋아할 음식입니다.

 Ingredients. . .

재료 2인분

마늘 3쪽, 엑스트라 버진 올리브유 1Tbs, 헤비크림 $\frac{1}{2}$컵, 생우유 $\frac{1}{2}$컵, 백미소 된장 1Tbs, 생새우 10마리, 파스타 1$\frac{1}{2}$컵

Start Cooking

1. 바닷물처럼 짜게 소금을 탄 물이 팔팔 끓을 때 파스타를 넣고 삶다가 중간 정도 익으면 찬물을 부어 물이 끓을 때까지 한 번 더 익혀주세요. 찬물을 넣은 후 물이 끓기 시작하면 불을 끄고 빨리 체에 받쳐 찬물에 헹궈주세요.

2. 새우는 껍질을 완전히 깐 후 반으로 자른 다음 내장을 제거합니다. 그리고 중불로 올린 냄비에 올리브유를 두르고 편으로 썬 마늘을 넣어 마늘 기름을 만들어주세요.

3. 마늘이 기름에 우러나면 불을 제일 약하게 줄이고 헤비크림과 생크림을 냄비에 조금씩 부어가며 살짝 끓여주세요.

4. 크림이 보글보글 끓으면 백미소 된장을 넣고 잘 풀어주세요.

5. 4번이 걸쭉해지면 파스타를 넣고 약불에서 잘 섞어주세요.

6. 파스타가 크림 안에서 어느 정도 익으면 준비된 새우를 넣고 센불에서 재빨리 익힙니다. 파스타가 뜨거워 새우가 금방 익어요. 너무 오래 익히면 새우가 질겨져 맛이 없어요.

7. 새우 살이 하얗게 변해서 오그라들면 불을 끄고 파스타 안에서 익도록 하고 그릇에 담아 내주세요.

* 집 된장 삼겹구이
Grilled Korean Bean Paste Pork Belly

재래식 된장을 이용해 재워둔 돼지고기의 맛이 어떨까 궁금하시죠? 재래식 된장 하나만으로도 된장쌈 없이도 맛있는 고기 요리가 돼요. 각자 기호대로 여러 신선한 채소를 잘게 썰어 샐러드처럼 고기 위에 얹어 먹어도 좋고, 상추와 깻잎 등에 싸서 맛있는 쌈으로 해서 먹어도 좋아요.

Ingredients. . .

재료 4인분

재래식 집 된장 2Tbs, 삼겹살 1200g, 메이플 시럽 5Tbs, 미림 2Tbs, 진간장 1Tbs, 참기름 1Tbs

Joanne's Tip

- 고기 한 근에 집 된장 1스푼이 적당해요. 조금 더 넣어도 괜찮지만 많이 넣고 재면 그만큼 염분기가 강해져 고기가 짭니다.

Start Cooking

1. 고기를 잴 재료를 모두 함께 볼에 넣고 잘 섞어주세요.
2. 고기에 재료가 충분히 묻도록 앞뒤로 묻혀 하루 정도 냉장고에 재워주세요.
3. 하루 정도 숙성된 고기를 꺼내서 그대로 사용하세요. 된장콩 씹는 맛이 싫은 분들은 살짝 떼주세요.
4. 잘 달구어진 프라이팬에 유기농 호두유를 살짝 두르고 노릇노릇하게 구워주세요.

*미소 된장 채소 조림
Braised Miso Vegetables

미소 된장을 푼 조림장에 채소를 넣고 졸여서 만든 채소 조림입니다. 반찬으로 상 위에 올리면 감자 조림 못지않은 반찬이 되어요. 짭잘한 미소 된장과 달콤한 시럽의 향이 골고루 잘 배어 있는 여러 채소들을 골라 먹는 재미를 주세요.

Ingredients. . .

재료 4인분

물 2컵, 미소 된장 1Tbs, 메이플 시럽 2Tbs, 미림 또는 청주 1Tbs, 감자 1개, 고구마 1개, 당근 1개, 양파 1개, 곤약 1개, 삶은 메추리 알 8개

145

 **Joanne's Tip**

• '집 된장 삼겹구이'와 마찬가지로 기 한 근에 집 된장 1Tbs이 적당해요.

 **Start Cooking**

1. 채소는 메추리알 정도의 크기로 큼직하게 썰어 준비해주세요.

2. 찬물에 미소 된장을 넣고 잘 풀어주세요.

3. 미소 된장이 잘 풀어지면 메이플 시럽과 미림을 넣고 잘 섞어주세요.

4. 미소 된장 조림장이 준비되면 냄비에 채소 재료들 넣고 조림장을 부어 약불에서 조림장이 반
이상 줄어들 때까지 아주 서서히 졸입니다.

* 된장 커스터드 떡구이
Pan Fried Korean Bean Paste Rice Cake

아이들이 좋아하는 고추장 떡꼬치처럼 된장으로 커스터드를 만들어서 구워보았어요. 된장 맛이 많이 날 것 같지만 그렇지 않아요. 기름 위에 노릇하게 구워진 떡의 바삭하고 쫄깃한 맛이 된장 커스터드와 조화를 이루는 담백한 떡구이입니다. 된장을 싫어하는 아이들도 무리 없이 먹을 수 있는 간식이 될 거예요.

Ingredients. . .

재료 6인분

재래식 집 된장 3Tbs, 떡볶이 떡 20개, 달걀노른자 1개, 미림 또는 청주 2Tbs, 흑설탕 1Tbs, 우유 ½컵, 라임즙 조금

147

Joanne's Tip

• 된장 커스터드를 만들 때 온 집 안에 된장 냄새가 진동한다는 단점이 있어요. 하지만 다 만들고 나서 떡에 발라 구우면 집 안에 퍼진 냄새만큼 고약스럽지 않아요. 남은 커스터드는 뚜껑이 있는 용기에 담아 놓고 냉장보관 하세요.

Start Cooking

1. 작은 냄비에 된장과 달걀, 미림, 흑설탕을 넣고 약불에서 타지 않도록 잘 저어주세요.

2. 된장이 다른 재료들과 잘 섞이면 우유를 서서히 부어가며 저어주세요.

3. 우유를 넣고 센불로 올려 우유가 보글보글 끓으면 다시 불을 줄여서 약불에서 5분 정도 더 졸이고 불에서 내려 핸드블렌더로 된장콩이 완전히 으깨져서 재료가 부드러워질 때까지 갈아주세요.

4. 된장 커스터드가 준비되면 기름을 살짝 두른 프라이팬에 떡을 올리고 된장 커스터드를 골고루 잘 발라주세요.

5. 커스터드를 바른 떡을 바삭하게 구워내 예쁜 접시에 담아냅니다.

* 우엉 맛 미소 조랭이 떡국
Miso Vegetable Rice Cake Soup

우엉이 들어가 산뜻한 향이 우러나는 미소 된장국에 아이들이 좋아하는 조랭이 떡으로 떡국을 만들어보았어요. 우엉을 꾸준히 섭취하면 타닌이라는 성분이 건선피부 개선 및 피부염(땀띠, 습진, 두드러기)에 효과적이고 아르기닌이란 성분은 뇌를 건강하게 해줍니다. 밥맛을 잃어 무언가 색다른 음식을 찾을 때나 아토피로 고생하는 아이들과 수험생들을 위해 우엉으로 맛을 낸 미소 된장 떡국을 해주세요. 입안에서는 행복을, 몸 안에서는 건강을 찾아주는 메뉴가 될 거예요.

Ingredients...

재료 2인분

다시마 우편엽서 사이즈 1장, 물 5컵, 백미소 된장 1Tbs, 황미소 된장 1Tbs, 얇게 편으로 썬 우엉 두 줌, 깍둑썬 양파 · 무 · 당근 $\frac{1}{2}$컵씩, 비섯 4개, 조랭이 떡 20개

149

Joanne's Tip

• 우엉은 산소와 결합하면 금방 산화해서 갈변이 일어나요. 우엉을 채칼에 썰 때 식초를 탄 물을 준비해서 넣어주면 색깔도 남아 있고 떫은맛도 없앨 수 있습니다.

Start Cooking

1. 찬물 5컵을 넣은 물에 염분기가 있는 다시마를 넣고 센불에서 끓여주세요. 물이 막 끓어오르기 시작하면 다시마를 바로 건져주세요.

2. 다시마를 건져낸 후 중약불로 불을 줄이고 백미소 된장과 황미소 된장을 넣고 잘 풀어주세요.

3. 미소 된장이 다 풀어지면 준비된 채소를 모두 넣고 약불에서 서서히 익혀주세요.

4. 무와 우엉이 익어서 물렁해지면 준비된 조랭이 떡을 넣고 끓이다 떡이 말랑해지면 그릇에 담습니다.

* 토마토 돼지갈비 바비큐
Tomoto Miso based BBQ Sauce Pork Rib

항산화 효과가 뛰어나 성인병을 예방해주는 토마토를 이용하여 맵지 않고 맛있는 바비큐 소스를 만들어보았습니다. 색깔도 예쁘고 담백해서 먹으면 또 먹고 싶은 토마토 돼지갈비 바비큐는 온 집안의 인기 만점 요리가 될 거예요!

Ingredients...

재료

돼지갈비 2근, 마늘 5쪽, 양파 ½개, 샐러리 1줄기, 시판용 토마토 소스 8온스, 토마토 페이스트 6온스 1통, 흑설탕 · 메이플 시럽 · 발사믹 식초 · 유기농 호두유 · 유기농 우스터 소스 2Tbs씩, 황미소 된장 1Tbs, 백미소 된장 1Tbs

Joanne's Tip

• 바비큐 소스를 많이 만들어서 냉동해놓으면 편하게 사용할 수 있습니다. 돼지갈비 대신 삼겹살을 이용해도 맛있어요. 이 바비큐 소스는 짜지 않으므로, 간간한 간을 원하면 된장의 양을 2배로 늘리면 됩니다.

Start Cooking

1. 돼지갈비는 찬물에 담가 살짝 핏물을 제거한 후 물기를 깨끗이 제거하고 살 쪽으로 대각선 칼집을 넣어주세요. 그래야 양념이 골고루 잘 배어요.

2. 향신 재료를 믹서기에 넣고 잘게 갈아주세요.

3. 바비큐 소스 재료를 볼에 담고 향신 재료를 함께 넣어 잘 섞어주세요.

4. 지퍼백에 손질된 돼지갈비를 넣고 바비큐 소스를 좀 많다 싶을 정도로 넣은 후에 손으로 양념이 골고루 잘 밸 수 있도록 조몰락거립니다.

5. 하루 정도 숙성하면 맛이 더욱 좋아요. 냉장고에서 하루 재워두고 다음날 오븐에 'Broil'로 맞추어놓고 석쇠나 철판 위에 놓고 구워 드세요. 오븐이 없으면 프라이팬에 놓고 타지 않게 중불에서 잘 구워주세요.

*유기농 엑스트라 버진 코코넛 오일 미소 된장 버터 토스트

Organic Extra Virgin Coconut Oil Miso Butter Toast

코코넛 향이 그윽한 유기농 엑스트라 버진 코코넛 오일과 백미소 된장을 섞어 맛있는 버터를 만들어 빵에 발라 구워 보세요. 열대지방에서 금방 수확한 코코넛을 한 입 가득 씹는 듯한 즐거움을 맛볼 수 있을 거예요.

Ingredients...

재료 2인분

식빵 4장, 유기농 엑스트라 버진 코코넛 오일 1Tbs, 백미소 된장 $\frac{1}{2}$Tbs, 메이플 시럽 2Tbs

Joanne's Tip

- 코코넛 오일은 실온에서는 무색의 액상 형태로 있어요. 그래서 된장과 시럽을 섞었을 때 잘 섞이지 않고 분리됩니다. 하지만 포크나 핸드블렌더로 섞어주면 되니까 걱정하지 마세요.

- 엑스트라 버진 코코넛 오일(Extra Virgin Coconut Oil)은 고온 처리와 정제 과정을 거친 일반 코코넛 오일과는 달리 잘 익은 코코넛을 직접 사람이 손으로 수확해서 40℃ 이하에서 압착(Cold Pressed)하여 추출한 기름으로 어떠한 물리적·화학적인 정제 과정을 거치지 않은 순수한 오일입니다. 비타민 E가 그대로 남아 있는 순도 100%의 식물성 오일이지요.
  이 코코넛 오일은 포화지방산 중에 가장 좋은 식용 오일로 체내에 축적되지 않고 바로 에너지원으로 사용되며 체내에 이미 소화되어 있는 동물성 포화지방산을 태워 지방을 소화시켜주는 역할까지도 합니다. 또한 각종 공해와 독성 물질에 노출되어 있는 현대인의 식생활을 조금이나마 중제할 수 있는 아플라톡신(Aflatoxin)이라는 요소가 함유되어 있어 이미 체내에 들어온 독성 물질을 중화해주는 기능을 합니다.
  매일은 아니어도 가끔씩 집에서 기름을 많이 필요로 하지 않은 음식이나 샐러드 드레싱을 만들 때, 달걀부침을 할 때도 살짝 코코넛 오일로 대신해보세요. 면역성 강화에도 크게 한몫하고 또 모유에 많이 들어 있는 라우르산(Lauric Acid)이 풍부하여 아이들의 지능 발달 및 항균 작용에도 아주 좋다고 합니다. 또한 노부모님들의 치매 예방을 위해서도, 엄마들의 수분 보습을 위한 피부 미용용으로도 먹고 바를 수 있답니다.

- 굳은 식빵이나 남아도는 빵이 있으면 네모 모양으로 작게 깍뚝썰어 쿠르통(수프에 띄우는 작은 빵조각)을 만들어 샐러드와 함께 먹어보세요. 쿠르통을 만들 때는 빵의 양만큼 오일을 붓고 중불에서 식빵에 오일이 골고루 다 흡수되도록 자글자글 튀겨주면 됩니다.

Start Cooking

1. 코코넛 오일과 된장, 메이플 시럽을 모두 넣고 포크로 잘 저어주세요.

2. 다 섞인 후 조금 있으면 오일이 된장과 시럽으로부터 분리되면 포크로 재빨리 섞어주면 돼요. 핸드블렌더가 있으면 이용하세요.

3. 잘 섞인 코코넛 된장 버터를 빵에 잘 발라 토스터나 토스터 오븐에 놓고 바삭하게 구워 드세요.

* 아보카도 요거트 미소 된장 페이스트 햄 & 파인애플 피자

Avocado Yogurt Miso Paste Ham & Pineapple Pizza

자주 먹는 토마토 피자소스를 살짝 벗어나 담백하면서도 부드러운 감칠맛이 도는 연둣빛 피자 페이스트를 만들어보았습니다. 소금 대신 백미소 된장으로 간을 하여 짭짤하면서도 깊은 맛을 주고 새콤달콤한 파인애플과 바삭한 햄이 피자의 맛을 한층 돋워주는 것 같아요.

Ingredients. . .

재료 4인분

피자 도우 또는 바게트 또는 식빵 또는 또띠아 4장, 아보카도 1개, 플레인 요거트 1개, 백미소 된장 1Tbs, 파인애플 $\frac{1}{2}$개, 유기농 햄 1Tbs, 양파 $\frac{1}{3}$개, 모짜렐라 치즈 조금

Joanne's Tip

- 플레인 요거트가 없을 때는 바닐라 맛, 바나나 맛 등 맛이 연한 요거트를 사용하면 좋아요.

Start Cooking

1. 오븐은 200℃로 예열해주세요.

2. 아보카도와 플레인 요거트, 미소 된장을 믹서기에 넣고 잘 섞어주세요.

3. 피자빵 또는 식빵, 바게트 등 집에 있는 빵 위에 페이스트를 골고루 잘 발라주세요.

4. 준비된 토핑을 골고루 잘 뿌리고 맨 마지막에 모짜렐라 치즈를 올려주세요.

5. 예열된 오븐에 치즈가 녹아 크러스트가 바삭하게 생길 때까지 한 10분~15분 정도 구워내면 됩니다.

응용요리

아보카도 요거트 페이스트
Avocado Yogurt Paste

플레인 요거트와 아보카도를 섞어 만든 아주 간단한 페이스트예요. 플레인 요거트가 없을 때는 맛이 가장 순한 바닐라나 바나나 맛 요거트로 대체해도 괜찮아요. 담백하게 먹고 싶을 때는 플레인 요거트로, 아이들이 좋아하는 달짝지근한 맛을 원할 때는 바닐라 맛 요거트로 페이스트를 만들어서 그냥 요거트를 먹듯이 먹어도 되고 채소나 과자를 찍어 먹어도 좋습니다. 피자를 구울 때 소스로도 사용할 수 있는 다용도 페이스트가 된답니다.

Ingredients. . .

재료 2인분
잘 익은 아보카도 1개, 유기농 플레인 요거트 1개, 라임 주스·소금 조금씩

Joanne's Tip

• 아보카도를 고를 때 겉이 검고 눌렀을 때 살짝 들어가는 것은 완전히 익은 아보카도입니다. 바로 사용하지 않을 거라면 초록빛이 도는 단단한 아보카도를 고르세요.

Start Cooking

1. 아보카도와 요거트를 믹서기에 넣고 한 번 살짝 돌려주세요.

2. 소금과 라임 주스로 취향에 맞도록 간을 맞추세요.

3. 재료가 완전히 부드러워질 때까지 10초 정도 더 돌려주면 완성됩니다.

* 토마토 채소볶음 라따뚜이

Ratatouille

라따뚜이는 프랑스에서 메인 코스를 먹을 때 곁들여 먹는 음식으로 토마토가 메인이고 호박, 가지, 양파, 피망 그리고 여러 향신 허브를 곁들여 만들어냅니다. 바질과 기타 허브의 특이한 향을 싫어하는 아이들도 먹을 수 있도록 강한 허브를 제외하고 아이들의 입맛에 맞도록 한번 만들어보았어요.

채소가 폭 익어 입안에서 부드럽게 넘어가는 이 메뉴는 밥, 고기 요리, 달걀, 빵, 크래커와 함께 먹어도 좋은 다양한 얼굴을 가진 카멜레온 채소볶음이에요.

Ingredients...

재료 4인분

씨를 뺀 토마토 큰 것 2개, 가지 1개, 호박 1개, 양파 큰 것 1개, 피망 1개, 양송이버섯 6개, 마늘 2쪽, 파슬리 한 줌, 올리브유 · 소금 · 후춧가루 조금씩

Joanne's Tip

- 각 채소는 모두 같은 양과 사이즈로 맞추면 좋아요.

Start Cooking

1. 잘 달구어진 프라이팬에 잘게 썬 마늘 편을 넣고 향을 내주세요. 마늘이 기름에 어느 정도 볶아지면 양파를 넣고 투명해질 때까지 볶아주세요.

2. 모두 같은 크기로 깍뚝썬 채소들을 함께 넣고 소금 간을 살짝 하고 센불에서 채소의 향이 잘 배어나오도록 달달 볶아주세요.

3. 채소에서 수분이 어느 정도 빠져나오면 중불로 내리고 파슬리를 넣은 후 불을 완전히 약하게 줄이고 뚜껑을 덮어 채소가 폭 익도록 두세요. 가끔 한 번씩 바닥에 눌어붙지 않도록 저어주고 채소가 완전히 무를 때까지 졸이면 됩니다.

*두유 시금치 달걀 커스터드 찜
Soy Milk Spinach Egg Custard

일본 음식 중에 '자완무시'라는 달걀 커스터드가 있습니다. 이 자완무시는 가다랭이 포와 다시마를 우려낸 첫 번째 다시를 베이스로 만드는 일식 달걀찜인데 한국의 달걀찜과는 달리 상당히 부드럽고 생새우와 표고버섯 등을 넣어 감칠맛이 도는 음식이죠.

자완무시는 속 재료를 미리 넣지 않고 달걀 커스터드만 반쯤 넣어 미리 한 번 쪄낸 후에 달걀이 익으면 그 위로 속 재료를 올리고 달걀 커스터드를 좀 더 부어 쪄내요. 하지만 이렇게 하다 보면 커스터드 하나 만드는 데 손이 너무 많이 가 다른 일을 못할 수 있기 때문에 달걀 커스터드를 담을 그릇 하단 부분에 찐 고구마나 찐 감자를 깔고 재료를 그 위에 올려 찌면 한 번에 달걀 커스터드가 되어요. 돌쟁이 아가들에게도, 연로하신 부모님께도 입속에서 살살 녹는 듯한 맛이 안성맞춤이죠.

 Ingredients. . .

재료 4인분

큰 달걀 2개, 삶은 시금치 한 줌, 방울토마토 4개, 버섯 2개, 유기농 두유 1¼컵, 소금 조금

161

Joanne's Tip

- 너무 뜨거운 불에서 오래 찌다 보면 달걀에 기포가 생겨 구멍이 숭숭 뚫릴 수 있어요. 그리고 색깔이 진한 녹색으로 변해 맛은 물론 보기에도 안 좋아요.
- 달걀찜을 좀 더 단단하게 만들고 싶으면 물의 양을 적게 해주세요. 좀 더 부드럽게 만들고 싶으면 물을 더 넣어주면 됩니다.

엄마표 달걀찜

어머니가 제가 어릴 적 항상 만들어주시던 달걀찜 레시피입니다. 그리 어렵지 않은 방법으로 집에서 누구나 쉽게 만들 수 있어요. 달걀의 용량은 달걀 1개를 기준으로 했을 때, 달걀 1개 + 달걀 껍질의 $\frac{1}{2}$컵 (2Tbs = 1온스)에 해당하는 것이 적당한 다시물의 비율이에요.

재료 4인분
달걀 4개, 물 또는 다시물 $\frac{3}{4}$컵, 새우젓 $\frac{1}{2}$Tbs 정도(새우젓으로 간을 맞춘다고 생각하고 넣어주세요.), 파 · 참기름 조금씩

1. 위의 재료를 모두 함께 용기에 넣고 포크로 잘 섞어서 중불에서 10분~12분 정도 찜통에서 쪄주세요.
2. 10분 정도 찐 후 꼬챙이로 중간을 살짝 찔러보세요. 달걀물이 그대로 올라오면 아직 덜 익은 거고 맑은 물이 올라오면 다 익은 거랍니다.

Start Cooking

1. 달걀은 볼에 담고 포크로 살살 풀어주세요.

2. 달걀이 살짝 풀어지면 두유와 소금을 넣고 잘 섞이도록 풀어주세요.

3. 달걀과 두유가 잘 섞였으면 가는 체에 받쳐냅니다. 달걀줄이나 단단한 부분들이 위로 걸러져서 한결 더 부드러운 커스터드를 만들 수 있어요.

4. 커스터드가 준비되면 커스터드 속에 넣을 재료를 그릇에 잘 담고 달걀 커스터드를 살며시 부어줍니다.

5. 달걀을 부은 용기에 혹시 공기방울이 떠다니면 수푼으로 떠주거나 터트려주세요. 그래야 나중에 모양이 예쁜 커스터드가 나와요.

6. 한참 김이 바짝 오른 찜통에 준비된 커스터드를 조심히 뚜껑을 덮고 뜨거운 불에서 2분 정도 찌다가 약한 불로 내려서 15분 정도 익혀주세요.

7. 중간에 찜통 뚜껑을 열고 살짝 한 번 흔들어보세요. 달걀 표면이 물처럼 살랑살랑거리면 아직 덜 익은 겁니다. 달걀을 흔들어보았을 때 젤리처럼 탱탱하게 움직이거나 꼬챙이를 찔렀을 때 투명한 물이 살짝 올라오면 완전히 익은 거예요.

*연두부 콘 차우더
Silken Tofu Corn Chowder

차우더는 걸쭉한 수프를 일컫는 말입니다. 미국에서는 여러 채소와 모시조개를 넣고 끓인 조개 차우더가 유명해요. 여기 소개하는 연두부 콘 차우더는 부드러운 연두부와 함께 싱싱한 옥수수를 이용하여 만들어본 담백한 옥수수 수프입니다. 집에 있는 재료로 쉽고 간단하게 만들 수 있어요.

 # Ingredients. . .

재료 4인분

날옥수수 3개, 양파 큰 것 1개, 감자 큰 것 1개, 연두부 $\frac{1}{2}$모, 우유 3컵, 소금 $\frac{1}{2}$Tbs, 버터 1Tbs, 밀가루 1Tbs

Joanne's Tip

- 옥수수는 알이 통통하고 수염이 갈색인 것을 고르세요. 껍질을 살짝 열어보았을 때 옥수수 알이 말랐거나 썩은 것은 구입하지 마세요.
- 날옥수수가 없을 때는 냉동옥수수도 괜찮고 캔 옥수수를 사용해도 괜찮아요. 캔 옥수수를 사용할 때는 캔에 들어 있는 옥수수를 담은 액체는 완전히 제거하고 사용하세요. 캔 옥수수로 사용할 때는 따로 간을 하지 않아도 돼요.
- 날옥수수를 사용할 때는 옥수수를 잘 잡고 위에서 아래로 내려가듯 썰어주면 옥수수 알이 잘 떨어져 나와요.
- 밥이나 빵과 함께 먹어도 좋고, 또는 스파게티면이나 소면에 넣어 먹어도 맛있어요.

Start Cooking

1. 차우더를 끓일 솥이나 냄비에 버터와 양파를 넣고 소금을 살짝 친 후 양파가 투명해질 때까지 볶아주세요. 버터에 볶을 때 살짝 소금 간을 해주면 양파가 더 맛있어집니다. 담백한 맛을 원하면 소금 간을 하지 마세요.
2. 양파가 투명하게 익어가면 준비된 밀가루를 넣고 3분 정도 더 볶아주세요.
3. 2번에 깍뚝썬 감자와 옥수수를 넣고 살짝 한 번 더 볶아주세요.
4. 재료가 맛있게 볶아지면 우유를 넣고 센불에서 한소끔 끓여주세요.
5. 감자가 폭 익어 맛있게 무르면 감자와 같은 크기로 자른 연두부를 넣고 약불에서 10분 정도 끓여주세요.

*멕시칸 채소 부리또
Mexican Vegetable Burritos

부리또는 고수 잎과 올리브유로 살짝 섞은 흰 쌀밥에 토마토, 양파, 고수, 사우어 크림, 와카몰리, 치즈, 닭고기나 소고기, 또는 돼지고기 등을 넣어 또띠아에 말아 간단하게 손으로 들고 먹을 수 있는 멕시칸 대표 음식 중 하나예요. 잡곡밥에 여러 채소를 섞어 쉽게 만들 수 있는 채소 부리또를 만들어볼게요. 멕시칸 음식을 만들 때 꼭 필요한 쿠민 가루(Cumin Powder)는 될 수 있으면 유기농으로 사용하세요. 쿠민가루에 집에 있는 고춧가루를 섞어주면 멕시칸 향을 내는 맛있는 향료가 된답니다.

Ingredients. . .

재료 4인분

당근 ½개, 호박 1개, 피망 1개, 양파 1개, 시금치 ½단 마늘 2쪽, 토마토 큰 것 3개, 검정콩 큰 캔 1통, 모짜렐라 치즈 · 고수 조금씩, 잡곡밥 3공기, 유기농 쿠민가루 ½Tbs, 고춧가루 ½Tbs, 토마토 페이스트 2Tbs, 유기농 올리브유 · 소금 · 후춧가루 조금씩

Joanne's Tip

- 모짜렐라 치즈가 싫으면 밥에 함께 넣지 말고 취향에 따라 또띠아를 말 때 넣어 먹어도 좋아요.
- 고수에는 뇌 대사를 증진시키는 효능이 있어 성장기 어린이나 노약자에게도 좋은 향채입니다. 또 세균 번식을 억제하는 성분이 있어 면역성 증진에도 도움을 준다고 합니다. 머리를 맑게 한다고 해서 절에서는 스님들이 나물로도 드시죠. 베트남 쌀국수집에서 쌀국수를 시키면 꼭 함께 따라 나오는 초록색의 긴 산나물 잎이 고수랍니다.

Start Cooking

1. 끓는 소금물을 준비하여 채썬 당근을 데쳐주세요. 당근은 딱딱해서 다른 채소들과 달리 익는 시간이 오래 걸려 미리 소금물에 데쳐 사용하면 나중에 다른 채소들을 넣어 볶을 때 잘 어우러져요. 당근이 어느 정도 익어 꺼낼 때가 되면 준비한 시금치를 넣어 함께 데쳐내어 찬물에 소금기를 헹구어주고 체에 물기를 받쳐주세요.

2. 마늘은 편을 썰어 올리브유를 두른 프라이팬에 올려 마늘 기름을 만들어주고 그 위에 양파를 넣어 양파가 투명해질 때까지 잘 볶아주세요.

3. 양파가 맛있게 익으면 그 위에 중간 크기로 썬 토마토와 토마토 페이스트를 넣어 한 번 섞고 쿠민가루와 고춧가루를 반반씩 섞은 가루를 넣어 채소에 향이 골고루 잘 밸 수 있도록 한 번 센불에서 볶아주세요.

4. 쿠민향이 골고루 밴 채소에 물 $\frac{1}{2}$컵 정도를 부어 채소에서 자작한 국물이 나오게 볶아주세요.

5. 국물이 자작하게 나와 소스가 맛있게 끓으면 준비한 채소들을 넣고 잘 섞어주세요.

6. 채소들이 소스와 함께 섞여 푹 익어갈 무렵 준비된 잡곡밥과 검정콩을 넣고 잘 섞어주세요. 재료가 잘 섞이면 바로 그 위에 모짜렐라 치즈를 넣고 치즈가 녹으면 불은 꺼주세요.

7. 준비된 속재료가 따뜻할 때 또띠아 위에 얹어 양옆을 잘 모아 말고 좋아하는 핫소스를 얹어 먹으면 좋아요. 아보카도 또는 와카몰리 소스와 함께 먹어도 됩니다.

* 양배추 두유 퓨레 수프
Cabbage Soy Milk Puree Soup

칼로리도 낮고 성장기 아이들의 건강에 아주 유익한 성분이 다량 함유된 양배추는 가격도 싸고, 섭취했을 때 다른 채소보다 풍성한 포만감을 주어 요즘에는 다이어트를 하는 사람들에게 사랑받고 있죠. 양배추 두유 퓨레 수프는 항상 먹는 양배추의 스타일을 과감하게 변신시킨 퓨전 요리입니다.

양배추의 특이한 향이나 질긴 질감 때문에 잘 안 먹는 아이들이나 변비 때문에 고생하는 아이들 또는 비만인 아이들, 교정기를 끼어서 밥을 못 먹는 아이들, 기력이 없는 아이들, 공부하는 수험생 간식으로도 좋아요. 한 통 정도 끓여서 한 번 먹을 만큼씩 덜어 냉장보관(일주일) 또는 냉동보관(한 달)하면 편해요.

 Ingredients. . .

재료 4인분

양배추 큰 것 $\frac{1}{2}$통, 감자 큰 것 1개, 양파 큰 것 1개, 샐러리 4줄기, 두유 $2\frac{1}{2}$컵, 유기농 호두유 1Tbs, 소금 · 후춧가루 조금씩

168

Joanne's Tip

• 양배추 ½개 정도의 양이면 믹서기에는 3번 정도 나누어서 갈아야 해요. 만약 믹서기가 없으면 잘게 썰어도 무방합니다.

Start Cooking

1. 채소는 믹서기에 넣어 곱게 갈아주세요.

2. 살짝 예열해준 들통에 기름을 치고 간 채소를 넣고 채소가 투명해질 때까지 맛이 우러나도록 중불에서 달달 볶아주세요. 채소를 볶을 때 채소에 간이 배도록 소금을 살짝 뿌려주세요. 담백하게 끓여내어 나중에 먹을 때 소금을 취향에 맞게 뿌려도 좋고요.

3. 양배추와 양파가 맛있게 볶아지면 두유를 서서히 부어 잘 저어주세요. 불을 살짝 줄여서 중약불에서 서서히 채소가 폭 익도록 뚜껑을 덮고 끓여주면서 가끔 한 번씩 저어주세요.

4. 30분 정도 지나 뚜껑을 열고 채소가 익었는지 간을 보세요. 채소가 무르게 다 익었다 싶으면 잘게 썬 감자를 넣고 감자가 익을 때까지 폭 끓여주세요.

5. 감자가 완전히 익으면 핸드블렌더로 모든 재료가 부드러워질 때까지 돌리면 완성됩니다. 맛있는 곡물빵과 함께 먹어보세요

*3가지 맛 콜리플라워 팝콘
Three Flarors Cauliflower Poporns

3가지 맛 콜리플라워 팝콘은 아이들이 좋아하는 시리얼과 곡물빵, 파마잔 치즈를 가루로 만들어 토핑한 오븐 구이입니다. 콜리플라워의 모양이 팝콘을 연상하듯 생겨서 잘게 떼서 여러 토핑 가루를 묻혀 오븐에 구워내면 모양도 맛도 좋은 핑거 푸드가 됩니다. 콜리플라워는 비타민 및 다양한 무기질과 필수아미노산이 많이 함유되어 있어 성장기 어린이에게 아주 좋은 영양 덩어리입니다. 또한 콜리플라워의 비타민 C는 열에 잘 파괴가 안 되어 익혀도 콜리플라워 안에 있는 비타민 C를 그대로 다 섭취할 수 있다고 해요. 특히 스트레스에 대한 저항력을 길러주는 성분이 많이 들어 있어 스트레스로 인한 구취, 몸이 붓는 부종이 있을 때, 소변이 잘 나오지 않을 때 섭취하면 도움이 됩니다.

Ingredients. . .

재료 4인분

콜리플라워 큰 통 1개, 굳은 빵 1컵, 콘푸레이크 또는 시리얼 1컵, 빵가루 1컵, 파마잔 치즈 가루 1컵, 유기농 호두유 조금

Joanne's Tip

- 시판용 파마잔 치즈 가루는 이미 간이 되어 있어 살짝 짭짜름한 맛이 나고 구울 경우 과자처럼 바삭해져요. 오븐에 구울 때 너무 타지 않도록 중간 확인하세요. 빵가루는 대개 염분의 양이 적어 맛이 밋밋할 수 있어요. 빵가루를 묻힐 때는 빵가루에 소금, 마늘가루, 파슬리가루를 함께 섞어 굴려주면 한층 맛이 깊어질 수 있습니다.
- 먹다 남은 빵이나 굳은 빵은 빵가루를 활용하면 좋아요. 곡물 빵이나 바게트 같은 빵이 식빵보다 한층 깊은 맛을 낼 수 있어요.

Start Cooking

1. 오븐은 180℃로 예열하세요.
2. 딱딱하게 굳은 빵은 큼직하게 썰어 믹서기에 넣고 완전히 가루로 만들어주세요.
3. 집에 있는 시리얼이나 콘푸레이크가 있으면 믹서기에 1컵 정도 넣고 완전히 갈아주세요.
4. 콜리플라워를 잘 잡고 밑부분을 칼로 조심히 원을 그리듯 도려내면 하나씩 뚝뚝 떼어내기 편해요.
5. 잘게 손질이 된 콜리플라워에 준비된 기름을 살짝 둘러서 골고루 묻게끔 섞어주세요.
6. 가루처럼 간 토핑을 콜리플라워에 살짝살짝 굴려가며 골고루 잘 묻도록 코팅을 입혀서 유산지를 깐 베이킹 판에 올려주세요.
7. 예열된 오븐에서 20~30분 정도 구워내면 됩니다.

*양송이버섯 보리 수프
Baby Portobello Mushroom Barley Soup

양송이버섯과 보리는 항암 작용과 빈혈 예방에 좋은 식품으로 유명해요. 또한 식이섬유가 풍부하여 변비도 예방해준다고 합니다. 보리에는 비타민 B6가 다량 함유되어 있어 두뇌활동을 활발하게 만들어주고 집중력을 높이는 데 효과적이어서 성장기 어린이들에게 아주 좋은 식품이죠. 양송이버섯 보리 수프는 성장기 아이들의 몸과 마음의 약이 되어줄 수 있는 재료만을 모아 만들었습니다.

 Ingredients. . .

재료 4인분

마늘 3쪽, 올리브유 1Tbs, 양송이버섯 15~20개, 양파 큰 것 1개, 당근 ½개, 샐러리 한 줌, 보리쌀 1컵, 월계수 잎 1개, 오레가노 1Tbs, 소금 · 후춧가루 조금씩

Joanne's Tip

- 기름을 살짝 두른 프라이팬에 유기농 샌드위치용 햄을 바삭하게 구워 고명으로 얹으면 아이들이 좋아할 거예요.
- 보리쌀은 불리지 않고 그대로 씻어 사용하세요. 보리쌀이 잡아먹는 물의 양이 있기 때문에 처음에 물의 양을 조금 더 잡아 졸이면 좋아요. 닭 안심살이나 연두부를 함께 넣어 끓여도 맛있어요.

Start Cooking

1. 중불로 잘 달군 냄비에 올리브유를 두르고 으깬 마늘을 넣어 마늘 향이 기름에 골고루 배도록 볶아주세요.
2. 마늘 향이 우러나오면 잘게 깍뚝썰기 한 채소들을 모두 넣고 소금도 $\frac{1}{2}$Tbs 정도 넣어 양파가 투명해질 때까지 잘 볶아주세요.
3. 채소의 수분기가 빠져 맛있게 볶아지면 깨끗이 씻어 건져낸 보리쌀 1컵과 찬물 6컵 정도를 부어 끓여주세요.
4. 센불에 올린 재료가 보글보글 끓기 시작하면 월계수 잎과 오레가노 1Tbs을 넣고 잘 섞어 10분 동안 끓여준 후 중약불로 내려 보리쌀이 완전히 익을 때까지 약불에서 시시히 끓여주세요.
5. 찬물이 어느 정도 자작하게 졸고 보리쌀이 완전히 익으면 완성입니다.

* 토마토 채소 소고기 케첩 수프
Tomato Vegetable Beef Ketchup Soup

토마토는 Phytonutrient (Phyto : 식물) + (Nutrient: 영양소), 즉 식물만이 가지고 있는 영양소가 풍부한 과일 중 하나예요. 토마토가 빨간색을 띠는 이유는 라이코펜(Lycopene)이라는 색소가 아주 풍부하게 들어 있어서인데요, 수박이나 분홍색 자몽, 살구, 열대과일인 분홍 구아바에도 라이코펜이 많이 들어 있답니다.

이렇게 식물성 영양소(Phytonutrient)가 풍부한 채소나 과일을 섭취하면 암이나 심장병, 당뇨등과 같은 질병을 예방할 수도 있고 항산화제가 풍부해서 노화를 억제하고 스트레스도 낮추게 만든다는 검사 결과가 나왔습니다. 또한 인체 내에서 항암작용 및 질병에 대한 저항력을 키워주는 데도 효과가 있고요.

라이코펜은 물론이고 비타민 C과 비타민 B군들, 무기질이 풍부한 토마토와 항암작용을 돕는 양배추 및 섬유소가 풍부한 당근, 엽산과 철분이 풍부한 샐러리 등을 이용하여 간단하면서 영양이 풍부한 토마토 채소 케첩 수프를 소개해드립니다.

 ## Ingredients. . .

재료 4인분

사태고기 한근 600g, 썰어놓은 유기농 토마토 캔(Diced Tomato) 28 온스 1통, 물 (썰어 놓은 토마토 1½캔), 양배추 큰 것 ½통, 양파 중간 크기 2개, 당근 4개, 샐러리 6쪽, 감자 중간 크기 3~4 개, 소금(옵션) · 올리브유 조금씩, 유기농 토마토 소스 8온스 1통, 유기농 토마토 페이스트 6온스 1통, 유기농 케첩(식성에 맞게)

Joanne's Tip

- 토마토는 지용성이기 때문에 기름과 함께 섭취하면 라이코펜의 흡수력이 증가합니다. 수프가 완성이 되면 엑스트라 버진 올리브유 몇 방울을 떨어뜨려주면 좋겠죠?
- 토마토는 줄기가 붙어 있는 것이 비타민 C도 더 풍부하고 라이코펜 함량도 더 많답니다.

Start Cooking

1. 사태고기는 찬물에 담가 핏물을 빼주세요. 핏물을 빼는 동안 가스레인지 위에 고기를 살짝 익힐 물을 끓여주세요.

2. 채소는 양배추→당근→감자→양파→샐러리 순서로 먹기 좋게 잘라서 큰 들통에 담아주세요. 채소는 식성에 따라 더 넣어도 됩니다.

3. 물이 끓으면 고기를 넣고 거품이 나올 때까지 5~10분 정도 데치고 체에 받쳐서 남은 불순물은 흐르는 물로 씻어주세요.

4. 고기의 불순물이 다 빠지면 준비해놓은 채소 위에 썰어놓은 토마토 캔 하나를 다 붓고 토마토 소스도 1통 다 부어놓습니다.

5. 4번에 물을 붓고 뜨거운 불에서 보글보글 끓을 때까지 끓여주세요. 국이 팔팔 끓기 시작하면 케첩과 토마토 페이스트를 넣어 간을 맞추세요.(혹시 소금이 필요하다 싶으면 입맛에 따라 넣어주세요.)

6. 케첩을 넣어 간을 맞춘 후 중약불에서 은근하게 끓여주세요. 1~2시간 약불에서 끓여야 고기도 연해지고 맛있어져요.

*크림 치즈로 만든 연어찜 무스
Steamed Salmon Cream Cheese Mousse

고소하고 담백한 크림 치즈와 오메가3 지방산의 창고인 연어를 아주 부드럽게 무스처럼 만들어보았어요. 연어의 강한 비린내를 싫어하는 아이들도 크림 치즈와 함께 섞어서 만들어주면 좋아할 간식이 되어요.

 Ingredients. . .

재료 2인분

연어 200g, 파 ½개, 크림 치즈 또는 뉴사텔 치즈 스프레드 2Tbs, 레몬즙 · 소금 · 후춧가루 조금씩

Joanne's Tip

- 연어 100g당 크림 치즈 1Tbs 정도의 비율로 만들면 좋아요.
- 과자나 베이글, 샌드위치 빵 또는 채소 위에 얹어 카나페 형식으로 먹어도 좋아요. 아이들 간식용 또는 아빠 술안주로도 좋습니다.

Start Cooking

1. 뜨거운 불에 올린 찜통을 준비해주세요.

2. 연어는 손바닥만 한 크기로 200g 정도 자른 후 가시가 있는지 손가락으로 확인해주세요. 연어의 살 윗부분과 옆부분 모두 가시가 있는지 확인하고 가시를 완전히 제거해주세요.

3. 김이 바짝 오른 찜통에 가시를 다 발라낸 연어를 올려 10분 정도 살이 다 익도록 쪄주세요.

4. 연어가 완전히 익으면 김을 빼고 난 후 믹서기에 다른 재료들과 함께 넣어주세요.

5. 믹서기로 재료가 잘 섞이도록 돌린 후 간을 한 번 보고 소금, 후춧가루, 레몬즙을 뿌려 마지막 간을 해주세요.

6. 간이 제대로 섞이도록 한 번 더 돌려주면 맛있는 연어찜 무스가 완성됩니다.

177

*연어 대구 오븐찜
Oven Baked Fresh Salmon & Cod

호기심 많은 아이들이 부엌을 왔다 갔다 서성거리며 "엄마 이게 뭐야"하고 계속 물어보는 레시피가 될 거예요. 채소가 가진 본연의 향과 버터의 고소한 맛이 호일을 빠져나가지 못하고 그대로 생선살로 배어들면서 살을 익혀주기 때문에 생선의 부드럽고 촉촉한 맛이 그대로 살아 있는 생선찜이랍니다.

Ingredients...

재료 2인분

대구 휠레 2쪽, 연어 휠레 1쪽, 레몬 슬라이스 2쪽, 당근 ½개, 샐러리 1줄기, 양파 1개, 양송이버섯 · 버터 · 소금 · 후춧가루 조금씩

178

Joanne's Tip

- 오븐이 없으면 모든 재료를 프라이팬에 올리고 제일 약불에서 버터를 미리 두르고 그 위에 재료를 올린 후 뚜껑을 덮고 서서히 익히세요.
- 위의 재료는 미리 만들어서 냉장보관했다가 당일에 오븐에 구워도 좋고, 모든 재료를 다 만들어서 한꺼 번에 냉동보관했다가 냉장해동 후 오븐에 구워도 좋습니다.

Start Cooking

1. 오븐을 200℃로 미리 예열해주세요.

2. 대구는 손바닥만한 크기로 준비하고 반을 갈라주세요. 연어도 반을 갈라 대구 살 사이에 넣을 수 있는 사이즈로 잘라 준비해주세요. 채소는 아이들이 먹기 좋은 사이즈로 잘라주세요.

3. 뜨거운 물에 소금을 넣어 간을 간간히 맞춘 후에 준비한 당근을 넣고 먼저 익히세요. 당근이 익어 가면 샐러리를 넣고 1분 정도 있다가 모두 꺼내 찬물로 한 번 헹궈주세요.

4. 채소가 모두 준비되면 쿠킹 호일 제일 하단에 레몬 1쪽을 깔고 그 위에 준비한 대구 샌드위치를 올려주세요. 수분기를 살짝 뺀 채소도 생선 위에 뿌려주고 버섯을 올린 후에 버터를 조금 떼어 재료 상단에 놓아주세요.

5. 예열된 오븐 안에 쿠킹 호일로 꼭 싼 생선 샌드위치를 넣고 15분 정도 구워냅니다. 오븐에 따라 익는 시간이 조금 다를 수 있어요. 10분 정도 있다 한 번 꺼내서 확인해주고 익히는 시간을 조절해주세요.

6. 속재료가 다 익으면 채소와 생선에서 나온 국물이 자작하게 호일 바닥에 고입니다. 호일을 열어 접시에 담아낼 때 국물이 흘러 뜨거울 수 있으니 조심하세요.

*크리미 새우 샐러드 샌드위치
Creamy Shrimp Salad Sandwich

한국에서 여름에 시원한 냉면을 즐겨 찾듯이 미국에서는 부드러운 롤에 차갑게 만든 바닷가재 샐러드를 얹은 샌드위치를 즐겨 먹어요. 오늘은 이러한 바닷가재 롤을 살짝 바꿔 싱싱한 새우를 이용해 새우 샐러드를 만들어보았어요. 그리고 새우 샐러드는 샌드위치 외에 채소 샐러드와 함께 먹어도 맛있고 찐 감자나 으깬 감자와 함께 먹어도 좋아요. 파스타를 삶아서 차가운 파스타에 섞어 먹어도 일품인 다양한 모습을 가지고 있는 샐러드입니다.

 ## Ingredients. . .

재료 4인분

생새우 또는 칵테일 새우 큰 것 8마리, 샐러리 2줄기, 빨강 파프리카 $\frac{1}{4}$쪽, 씨 뺀 오이 1개, 파슬리 한 줌, 유기농 올리브유 마요네즈 2Tbs, 유기농 스위트 렐리쉬(Organic Sweet Relish) 1Tbs, 머스터드 1Tbs, 소금 조금

Joanne's Tip

- 스위트 렐리쉬(Sweet Relish)는 가급적이면 유기농을 사용하는 것이 좋아요. 시판용 렐리쉬에는 고과당 옥수수 시럽 및 기타 화학첨가물과 색소가 들어 있으니 조심하세요.

Start Cooking

1. 생새우를 구입했을 경우에는 새우를 껍질째 끓는 소금물에 3분 정도 익히세요. 새우의 크기에 따라 익는 속도가 달라요. 작은 새우는 끓는 물에서 보통 2~3분, 중간 새우는 3~4분, 왕새우는 6~7분 정도 걸립니다. 새우 살이 하얗게 익으면 꺼내서 반을 뚝 잘라보세요. 속까지 하얗게 다 익었으면 꺼내서 바로 얼음물에 담가 더 이상 새우가 익지 않도록 방지한 후 껍질은 까고 내장은 발라주세요.

   냉동된 칵테일 새우를 구입했을 경우는 냉장실에서 완전히 해동한 후 페이퍼 타월 위에 올려 수분기를 다 빼고 사용해야 해요. 그렇지 않으면 샐러드를 만들 때 새우에서 물이 나와 걸쭉해지니 주의해주세요.

2. 샐러리는 질긴 섬유소를 제거하고 깍뚝썰고 파프리카와 오이노 샐러리와 같은 크기로 아주 직게 깍뚝썰기해주세요. 파슬리도 잘게 다져주세요.

3. 모든 재료가 준비되면 볼에 재료를 넣고 잘 섞어주세요.

4. 재료가 다 섞이면 간을 보세요. 바다새우의 간간한 맛과 스위트 렐리쉬의 새콤달콤한 맛으로 소금 간을 따로 안 해도 담백하고 맛있는 샌드위치 속재료가 될 거예요. 추가 간은 소금으로 해주세요. 그리고 마지막에 싱싱한 레몬즙을 떨어뜨려 상큼한 맛을 더해주면 더욱 담백하고 맛있는 새우 샐러드 샌드위치가 완성됩니다.

* 모시조개 차우더
Short Neck Clam Milk Chowder

동의보감에 보면 간이 약해지면 두려움이 많고 신경질과 짜증을 잘 내며 외관적으로는 손톱이 뚝뚝 부러질 정도로 약해진다고 나와 있어요. 성장기에 있는 어린 아이들 중에는 불균형한 식사로 인해 이유 없이 짜증을 내기도 하고 낯선 환경에 잘 적응하지 못하거나 자신의 의사대로 안 되면 뒤로 자지러질 듯 울어대는 아이들이 있지요. 모시조 개는 이런 아이들에게 좋습니다. 뿐만 아니라 당뇨 환자나 성장기 어린이들, 잦은 술자리로 간이 피로한 아빠에게 도 좋은 보양 식품이에요.

 Ingredients. . .

재료 4인분

버터 또는 유기농 호두유 2Tbs, 다진 마늘 1Tbs, 양파 1개, 샐러리 2줄기, 감자 2개, 껍 질 깐 모시조개 1컵(200g), 생우유 4컵, 옥 수수 한 줌, 소금 · 후춧가루 · 데친 브로콜리 조금씩

Joanne's Tip

- 생모시조개는 입이 꽉 다물어지고 깨지지 않은 것이나 손으로 톡톡 눌러보았을 때 입을 다시 다무는 것, 냄새를 맡았을 때 바다 냄새가 나는 것을 고르도록 하세요. 조개 안에 들어 있는 모래를 해감할 때는 소금을 탄 물에 후춧가루를 솔솔 뿌리고 검은 비닐봉지나 신문지를 덮어 어둡게 해주고 냉장실에 1시간 가량 두세요. 조개가 입을 벌려 모래를 토해내고 나면 밀가루나 오트밀 ½컵 정도를 뿌려 고무장갑을 낀 손으로 세게 문질러서 씻어주세요. 냉동 모시조개는 찬물로 두어 번 헹구어 사용하면 됩니다.
- 남은 조개껍질은 나머지 불순물이 없도록 솔로 깨끗이 씻은 후 뜨거운 불에 잘 구워서 분마기로 곱게 갈아 티스푼으로 반 정도씩(4g 정도) 섭취하면 위산과다 억제에 좋고 식욕을 돋워줍니다.

Start Cooking

1. 채소는 모시조개와 비슷한 사이즈로 네모지게 깍뚝썰어 준비해주세요.

2. 중불로 달군 냄비에 버터를 두르고 간 마늘을 넣어 볶아주세요.

3. 마늘 향이 버터에 배기 시작하면 양파와 샐러리를 넣고 소금을 살짝 뿌려 잘 볶아주세요.

4. 양파와 샐러리가 투명해지기 시작하면 감자를 넣고 한 번 더 살짝 볶아주세요.

5. 감자가 반쯤 익어 투명해지면 준비된 모시조개를 넣고 센불에서 재빨리 볶아주세요.

6. 모시조개와 채소가 맛있게 볶아지면 불을 줄이고 우유를 서서히 넣어 졸여주세요.

7. 우유가 팔팔 끓을 때 감자를 하나 건져 먹어보고 감자가 완전히 다 익었으면 준비된 옥수수를 넣고 살짝 한 번 더 끓여주세요. 브로콜리는 뜨거운 물에 3분 정도 넣고 익힌 후 윗부분만 예쁘게 떼어서 차우더를 담을 때 올려주세요.

04. 생선 퓨전 요리

* 오징어 토마토 스튜
Squid Tomato Stew

식탁에 자주 오르는 오징어에 살짝 변신을 주어보았습니다. 아이들이 좋아하는 토마토 소스에 오징어를 넣어 만든 오징어 스튜에 스파게티면이나 파스타, 밥, 또는 빵과 신선한 제철 샐러드를 함께 내보세요. 간단하고 맛있는 한 끼 식사가 됩니다.

Ingredients. . .

재료 4인분

엑스트라 버진 올리브유 2Tbs, 편을 썬 마늘 3쪽, 얇게 채썬 양파 ½개, 씨를 제거하지 않고 크게 썬 캔 토마토 14.5온스 1통, 씨를 제거하지 않고 크게 썰어 넣은 캔 토마토 페이스트 3Tbs, 손질한 오징어 350g, 파슬리 또는 바질 조금

Joanne's Tip

- 캔 토마토와 토마토 페이스트에서 들어 있는 소량의 염분기와 오징어 자체에 있는 소금기 때문에 따로 간을 하지 않아도 됩니다.
- 좋아하는 파마잔 치즈나 로마노 치즈 가루를 뿌리거나 토바스코 소스를 뿌려 먹어도 좋아요!

Start Cooking

1. 달군 프라이팬에 올리브유를 두르고 마늘을 넣고 볶아 향을 내다 양파를 넣습니다. 양파가 투명해질 때까지 잘 볶아주세요.

2. 양파가 어느 정도 익으면 준비된 토마토 캔 1통을 다 넣어 잘 섞어주세요.

3. 토마토가 살짝 끓어 채소와 잘 섞이면 토마토 페이스트를 넣어 중불에서 보글보글 끓여 맛을 내주세요.

4. 토마토가 익어서 걸쭉하게 우러나면 잘게 썬 오징어를 넣어주세요.

5. 오징어가 토마토 소스와 함께 섞여 맛있게 익으면 식성에 따라 잘게 썬 파슬리나 바질을 뿌려주세요.

04. 생선 퓨전 요리

* 채소 토마토 홍합찜
Steamed Tomato Vegetables Mussels

어렸을 적 부모님과 함께 인천 앞바다의 항구에 가면 긴 항로를 따라 손수레 안에 큰 솥을 놓고 맛있는 냄새를 폴폴 풍기는 홍합 아저씨가 있었어요. 엄마, 아빠 그리고 제 동생과 함께 속살이 튼실하게 들어 있는 홍합을 꺼내 먹던 그 맛있는 기억이 아직도 생생하게 남아 있습니다. 속이 알찬 홍합과 그 맛을 한층 더 살려줄 채소와 토마토의 만남! 채소 토마토 홍합찜으로 온가족이 함께 앉아 맛있게 드세요.

Ingredients. . .

재료 4인분

엑스트라 버진 올리브유 2Tbs, 얇게 편으로 썬 마늘 3쪽, 잘게 썬 양파 큰 것 1개, 잘게 썬 샐러리 3줄기, 스튜용 캔 토마토 1통, 홍합 1kg, 소금 · 후춧가루 조금씩

Joanne's Tip

- 입이 열려져 있거나 깨진 홍합은 절대 고르지 마세요. 그리고 냄새를 맡았을 때 신선한 바다 냄새가 나는지, 껍질이 깨끗한지를 보고 집에 와서 큰 통에 찬물을 받아놓고 둥둥 뜨거나 손상된 홍합은 제거해주세요. 밑으로 가라앉으면 알이 통통히 들어 있는 알찬 홍합이고요. 위로 뜨면 알이 작은 홍합입니다. 홍합은 깨끗하게 손질한 후 바로 먹는 게 제일 좋아요.
- 해감하기 위해 찬물에 20분 정도 두면 홍합을 받아놓은 그릇 바닥에 모래가 가라앉지요. 그러면 홍합을 조심히 건져 깨끗한 마른 수건으로 껍질과 홍합 사이에 붙은 수염을 제거하고 강한 솔로 껍질을 깨끗이 닦아 음식에 사용하세요.
- 홍합을 다 건져 먹고 국물과 건더기가 자작하게 많이 남았죠. 집에 있는 파스타를 삶아 국물에 섞어 먹어보세요. 국물이 너무 자작하면 토마토 페이스트로 되직하게 해도 되고 맑은 국물이 좋으면 그대로 파스타와 섞어 좋아하는 치즈가루를 뿌려 먹어보세요.

Start Cooking

1. 뜨겁게 달군 바닥에 올리브유를 두르고 마늘을 넣고 마늘 향을 내주세요.

2. 마늘 향이 한껏 우러나오면 양파와 샐러리를 넣고 소금과 후춧가루를 살짝 뿌려 양파가 투명해질 때까지 볶아주세요.

3. 양파가 투명해지면 준비된 스튜용 토마토 캔 1통을 다 넣고 중불에서 자글자글 끓여주세요.

4. 토마토와 채소가 맛있게 무르익으면 깨끗이 손질한 홍합을 넣고 3~5분 정도 홍합이 입을 완전히 열 때까지 김을 올려 쪄주세요.

* 코코넛 새우 튀김
Coconut Fired Shrimp

코코넛에는 칼슘과 마그네슘의 흡수를 높여주는 성분이 있어 치아와 뼈를 튼튼하게 해주고 면역성 향상 및 질병 예방에 도움을 준다고 합니다. 대부분의 칼슘과 마그네슘은 인체의 뼈에 저장되어 있는데 칼슘과 마그네슘은 비타민 D가 있어야 제대로 흡수를 합니다. 성장기 어린이는 물론 칼슘이 많이 부족한 어른들에게도 골다공증 예방을 위해 코코넛 음식을 섭취하면서 따뜻한 햇살 아래에서 일광욕을 해줌으로써 비타민 D의 흡수를 높여보세요. 아이들의 키가 잘 안 큰다고 해서 너무 과하게 칼슘 섭취를 시키면 오히려 마그네슘이 부족하게 되어 뼛속에 있는 칼슘마저 다 빠져나가니 항상 적당히 식단을 짜주세요.

Ingredients. . .

재료 4인분

손질한 중간 크기 새우 15~20개, 코코넛 가루 1컵, 달걀흰자 1개, 밀가루 조금

Joanne's Tip

- 뜨거운 기름에서 바로 나온 새우 튀김의 코코넛 옷이 흐물흐물하다고 오랫동안 튀기면 탈 수 있어요. 코코넛의 수분 때문에 바로 나온 코코넛이 축 늘어져 보이지만 식으면 금방 바삭해집니다.
- 튀김의 온도가 떨어지지 않도록 튀김 재료를 너무 한꺼번에 많이 넣지마세요. 한두 개 정도씩 넣어서 튀겨주세요.
- 플레인 요거트와 파인애플을 다져서 섞은 요거트에 찍어 먹어보세요. 색다른 이국적인 맛이 입안 가득 퍼집니다.

Start Cooking

1. 달걀흰자는 볼에 넣고 거품기로 거품을 내주세요.

2. 밀가루 옷을 살짝 입힌 새우에 달걀흰자를 입혀 바로 코코넛가루를 돌려가며 묻혀주세요.

3. 튀김 온도(180℃)로 맞춰진 기름에 새우를 넣고 코코넛이 먹음직스런 금색으로 튀겨질 때까지 튀깁니다.

* 채소 생선 어묵

Fish Corn Fritters

우리 한국인 식단의 효자식품인 감자에는 비타민 A와 C 이외에 지방, 칼슘, 단백질 등이 들어 있어 보양식품으로도 인기가 많지요. 감자에 들어 있는 여러 좋은 영양소들과 단백질이 풍부한 대구, 오징어, 새우 등의 생선과 섬유소가 풍부한 야채들을 섞어 아이들이 좋아하는 어묵을 만들어보았습니다. 시판용과는 달라도 엄마의 정성과 사랑 그리고 영양이 듬뿍 담긴 어묵으로 아이들과 남편에게 점수를 따보세요.

Ingredients. . .

재료 어묵복 30개

대구 100g, 생새우 100g, 오징어 100g, 찐 감자 350g, 양파 중간 크기 1개, 당근 $\frac{1}{2}$개, 부추 한 줌, 파 한 줌, 옥수수콘 $\frac{1}{2}$컵, 완두 콩 50g, 달걀 1개, 버터 또는 유기농 아몬드 유 1Tbs, 소금 · 후춧가루 · 튀김용 땅콩유 적 당히

Start Cooking

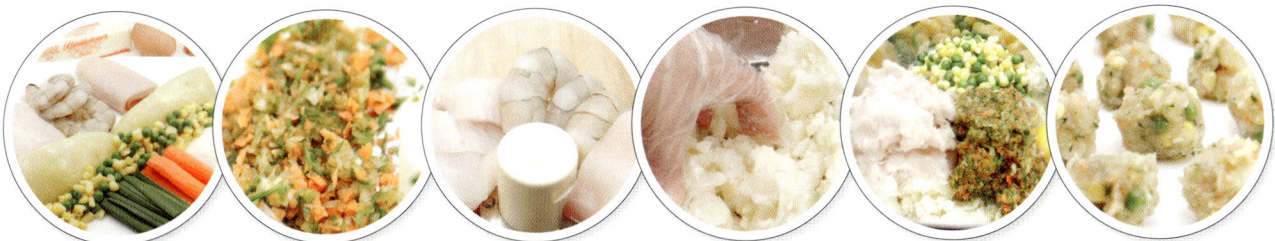

1. 어묵을 만들 생선과 같은 양의 감자를 찜통에 푹 쪄서 준비해주세요.

2. 옥수수와 완두콩을 제외한 채소를 모두 믹서기에 넣고 잘게 다져주세요.

3. 손질된 생새우와 대구, 오징어를 믹서기에 넣고 완전히 갈아주세요.

4. 찐 감자는 손으로 잘 으깨주세요.

5. 으깬 감자와 다진 생선과 채소, 달걀, 버터 또는 아몬드유를 볼에 넣고 손으로 잘 섞어주세요.

6. 먹기 좋은 크기로 떼어 예쁜 모양을 만들어주세요.

7. 튀김용 기름이 예열되면 어묵 2~3개씩을 넣고 재빨리 튀겨내어 기름종이에 여분의 기름을 제거하고 예쁜 접시에 담아주면 됩니다.

05. 고기 퓨전 요리

*마늘간장 캔디 치킨
Garlic Soy Candied Chiken

마늘에서 나는 독특한 냄새는 마늘에 들어 있는 알리신(Allicin)이라는 성분 때문입니다. 이 알리신은 완전히 익혀서 먹으면 향도 사라지고 살균, 해독작용, 면역조절, 항암작용 등 마늘의 효능이 모두 소멸된다고 해요. 마늘간장 캔디 치킨은 속살에 마늘간장 소스가 배어 있기 때문에 마늘의 좋은 성분이 살아 있답니다. 아이들에게 무리해서 생마늘을 먹이기 어려우니 이렇게 맛있는 소스로 만들어 먹이면 좋겠죠?

Ingredients. . .

재료 2인분

닭다리 6개, 마늘 2통, 간장 $\frac{1}{2}$컵, 물 $\frac{1}{2}$컵, 유기농 흑설탕 $\frac{1}{2}$컵, 유기농 오메가3 호두유 조금씩

Joanne's Tip

• 닭다리도 좋지만 돼지 삼겹살을 구워 마늘간장 소스에 찍어 먹어도 맛있고 이 소스로 고기를 재워 먹어도 맛있답니다.

Start Cooking

1. 닭다리는 흐르는 찬물에 씻어 찜통에서 완전히 익도록 쪄줍니다.

2. 완전히 익은 닭다리는 찜통에서 꺼내 껍질을 벗겨놓습니다.

3. 기름을 두른 프라이팬에 닭다리를 올려 바삭하게 될 때까지 구워냅니다.

4. 마늘 2통을 모두 껍질을 벗겨 잘게 다져놓습니다.

5. 간장, 설탕, 물, 간 마늘을 넣어 잘 섞어놓습니다.

6. 기름에 바삭하게 구워진 닭다리 위에 마늘간장 소스를 얹고 은근한 불에서 닭다리에 소스가 완전히 배도록 풀어주세요.

*달콤 쫄깃 양상추 갈비보쌈
Sweet Beef Rib on Iceberg Lettuce

미리 만들어놓은 만능간장 소스로 갈비를 재워 쉽고 빠르게 만들 수 있는 멋진 요리를 만들어보아요. 보쌈 안에 들어갈 채소 재료를 접시에 모아 보쌈을 싸먹듯 먹고 싶은 채소를 직접 골라 먹을 수 있도록 주면 아이들이 좋아해요. 기호에 따라 좋아하는 채소나 물에 불린 쌀종이에 싸 먹어도 맛있는 요리가 되어요.

Ingredients. . .

재료 4인분

갈비 두 근, 만능간장 소스 1컵, 만능간장 소스 $\frac{1}{4}$컵, 녹말가루 · 얼음물 · 유기농 호두유 · 채 친 노랑 파프리카 · 채썬 빨강 파프리카 적당히, 채썬 샐러리 2줄기, 양상추 $\frac{1}{2}$통

194

Joanne's Tip

• 상추나 양상추에 얹어 먹거나 또띠아에 멕시칸 스타일로 파히타(Fajita)처럼 싸 먹어도 좋아요.

Start Cooking

1. 갈비는 먹기 좋게 썰어 만능간장 소스에 재워서 다른 재료를 준비하는 동안 냉장실에 넣어두세요.

2. 샐러리는 뿌리 쪽을 뚝 잘라 반대로 잡아당기면 긴 섬유질이 나오죠. 필러나 칼로 샐러리 껍질과 섬유소를 제거해주면 부드러워져 맛이 좋아요. 파프리카도 얇게 채썰어주세요. 양상추는 깨끗이 씻어 찬물에 담가 먹기 바로 직전에 꺼내서 사용하세요.

3. 잘 달군 프라이팬에 기름을 살짝 치고 재워두었던 고기를 맛있게 익혀주세요.

4. 만능간장 소스 ¼컵을 불에 올리고 녹말가루와 얼음물을 1:1 비율로 해서 끓고 있는 소스에 살짝 넣어 걸쭉하게 만들어주세요. 고기와 채소를 아삭아삭한 양상추에 올리고 소스를 살짝 뿌려 접시에 내주세요.

* 버터구이 꽃등심 채소 꼬치
Beef Tenderloin Vegetable Skewers

소고기와 채소 본연의 맛을 그대로 느낄 수 있는 간단한 레시피입니다. 버터에 구운 등심과 채소, 쫄깃한 떡까지 꼬치 하나에 모든 영양소가 골고루 다 들어 있어요.

 Ingredients. . .

재료 2인분

떡볶이 떡 10개, 노랑 파프리카 1개, 브로콜리 1개, 등심 300g, 양파 1개, 당근 ½개, 버터 1Tbs, 소금 · 후춧가루 · 녹말가루 조금씩

Joanne's Tip

• 슈퍼베리잼(259페이지 참조)과 함께 내어 보세요. 새콤달콤한 슈퍼베리잼에 들어 있는 풍부한 비타민 C 는 고기의 철분 흡수를 도울 뿐 아니라 고기의 단백질을 소화 및 흡수시켜주는 효자 역할을 합니다. 단 백질은 비타민 C가 풍부한 채소나 과일을 함께 섭취하는 것이 몸에 이롭다는 사실을 꼭 기억해두세요.

Start Cooking

1. 당근은 끓는 소금물에 넣어 완전히 익히고 꺼내기 3분 전에 브로콜리도 함께 넣어 익힙 니다.

2. 소금, 후춧가루와 녹말가루에 살짝 잰 등심은 먼저 반쯤 구워낸 후에 채소들을 꼬챙이에 끼 워 버터를 두른 프라이팬에 고기가 완전히 익도록 잘 구워주세요. 구울 때 소금, 후춧가루 를 살짝 넣어주세요.

* 바나나 소고기 카레
Banana Beef Curry

카레의 주성분인 강황(Tumeric)은 해독작용 및 항암효과에 좋아서 인도에서는 만병통치약이라고 할 정도로 여러 음식에 사용되고 있어요. 혈이 뭉친 분들에게는 어혈을 내리는 데도 효과적이에요. 또한 강황에는 커큐민(Curcumin)이라는 담즙 분비를 촉진해주는 성분이 들어 있어 콜레스트롤 소비가 촉진되어서 혈관계 질환에도 좋아요.

질 좋은 강황이 듬뿍 들어 있는 카레에 고단백질인 소고기와 비타민 C와 섬유소가 듬뿍 들어 있는 채소와 바나나를 넣어 단백질, 복합 탄수화물, 칼슘, 철분, 비타민, 무기질, 섬유소 모두 섭취할 수 있는 슈퍼 바나나 소고기 카레를 만들어 온 가족의 면역성을 Up! UP!시켜보아요.

Ingredients. . .

재료 4인분

스튜용 소고기 600g, 깍뚝썬 양파 큰 것 1개, 깍뚝썬 당근 큰 것 1개, 깍뚝썬 감자 2개, 데친 브로콜리 $\frac{1}{3}$개, 바나나 2개, 카레가루 $\frac{8}{3}$Tbs, 우유 5컵, 소금·후춧가루·유기농 호두유 조금씩

Joanne's Tip

- 밥이나 빵, 국수, 스파게티면과도 잘 어울리는 카레입니다. 남은 카레가 너무 되지면 우유를 좀 더 넣어 끓이면 됩니다.

Start Cooking

1. 채소는 모두 같은 크기로 깍뚝썰어 준비합니다. 뜨겁게 달군 냄비에 기름을 두르고 카레가루와 소금, 후춧가루를 살짝 뿌려 고기를 넣고 재빨리 구워주세요.

2. 고기가 갈색으로 변하면 불을 줄이고 준비된 채소와 남은 카레가루와 소금을 살짝 더 넣고 충분히 볶아주세요.

3. 고기와 채소가 카레가루와 섞여 맛이 우러나면 우유를 넣고 끓여주세요.

4. 카레가 어느 정도 끓으면 간을 보고 카레가루와 소금으로 마지막 간을 더해 뚜껑을 닫고 약불에서 서서히 졸여주세요.

5. 카레가 맛있게 익으면 살짝 데친 브로콜리와 바나나를 넣고 1~2분 정도 끓여 예쁜 그릇에 담아주세요.

* 소고기 포도 크림 파스타

Grapes and Beef Cream Pasta with Balsamic Vinegar Reduction

크림 파스타의 담백한 맛과 새콤한 식초가 잘 어우러지는 소고기 크림 파스타입니다. 새콤한 포도와 졸인 발사믹 식초가 크림 파스타의 맛을 한층 깊이 있게 만들어주는 것 같아요. 3년에서 5년, 길게는 100년 이상의 숙성 과정을 거친 발사믹 식초에는 항산화 성분이 풍부하게 들어 있어 암이나 심장병 예방에 좋고 소화 촉진을 도모하여 좋은 에너지원을 낸다고 합니다. 또한 폴리페놀이 풍부하여 면역성 증진과 세포 재생에도 좋고 특히 당뇨환자가 하루 5Tbs을 섭취하면 여러 합병증을 예방할 수 있다고 해요. 음식의 맛을 한층 깊이 있게 살려줄 졸인 발사믹 식초로 음식의 맛도 높여주고 가족들의 건강도 함께 챙겨주세요.

 ## Ingredients. . .

재료 4인분

발사믹 식초 ½컵, 기름기 없는 소고기 반 근, 헤비크림 1컵, 껍질 째 먹는 포도 ½컵, 링귀니 파스타 2인분, 소금 · 후춧가루 · 유기농 호두유 조금씩

Joanne's Tip

- 졸인 발사믹 식초 소스는 샐러드에 뿌리거나 고기에 찍어 먹으면 맛있어요. 1컵 정도를 $\frac{1}{2}$컵으로 졸여 병에 넣고 냉장보관하고 언제든지 사용하세요.
- 소금물에 파스타면을 삶아내면 따로 간을 하지 않아도 돼요.

Start Cooking

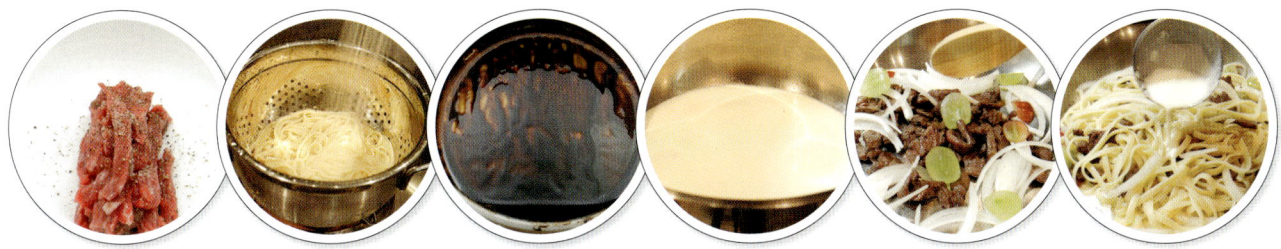

1. 양파는 얇게 채 치고 포도는 깨끗이 씻어 반으로 갈라 준비해주세요.

2. 소고기는 먹기 좋은 크기로 길게 썰어 소금과 후춧가루로 30분 정도 간을 한 후 맛있게 볶아 익힙 니다.

3. 큰 냄비에 물을 가득 끓여주세요. 물이 끓으면 바닷물처럼 짠 소금물을 만들어 파스타를 넣고 취향 에 맞게 삶아주세요.

4. 파스타가 알맞게 삶으면 찬물에 한 번 헹구어주세요.

5. 작은 냄비에 발사믹 식초를 넣고 반으로 줄 때까지 은근한 불에서 졸여주세요. 소스가 걸쭉해지면 완전히 식혀서 입이 작은 용기에 넣어 냉장해 사용하면 편합니다.

6. 헤비크림도 은근한 불에서 반으로 졸여 주세요.

7. 잘 달구어진 프라이팬에 양파와 포도를 넣고 잘 볶다가 파스타와 헤비크림을 넣고 중불에서 재료 가 잘 어우러지도록 볶아주세요.

8. 준비가 다 된 파스타는 예쁜 그릇에 담아 먹기 바로 직전에 졸인 발사믹 식초를 살짝 뿌려주세요.

*소고기 롤
Beef Roll

소고기의 단백질과 떡의 탄수화물, 당근과 아스파라거스의 섬유소 및 비타민, 무기질 등을 한입에 쏘옥 넣을 수 있는 작고 귀여운 고기 롤이에요. 짭조름하고 달콤한 소스에 구워진 얇은 고기와 쫄깃한 떡과 채소들이 입안에서 부드럽게 씹히는 음식입니다. 도시락 반찬으로도 아이들의 생일 상에도, 또는 아빠의 술안주에도 딱이에요.

 Ingredients. . .

재료 4인분

아스파라거스 10개, 당근 크고 굵은 것 1개, 떡볶이 떡 10개, 만능간장 소스 $\frac{1}{2}$컵($\frac{1}{4}$컵은 잴 때, 나머지는 구울 때 사용), 샤브샤브용 소고기 한 근

Start Cooking

1. 채소는 데쳐서 모두 같은 크기로 얇고 길게 썰어주세요. 떡볶이 떡은 길게 2등분합니다.

2. 샤브샤브용 소고기에 만능간장 소스를 살짝 뿌려 20분 정도 재워주세요.

3. 소금을 살짝 탄 물이 끓으면 가늘게 썰어놓은 당근을 넣고 먼저 삶다가 당근이 거의 다 익어갈 무렵 아스파라거스를 넣고 데친 후 함께 꺼내 얼음물에 한 번 헹구어주세요.

4. 얼음물에서 건진 채소는 페이퍼 타월 위에 놓고 수분기를 빼주세요.

5. 만능간장 소스에 살짝 재워놓은 고기 위에 채소와 떡을 올려 돌돌 말아주세요.

6. 기름을 살짝 두른 프라이팬 위에 5번을 얹고 만능간장 소스를 발라가며 익혀주세요. 고기가 다 익으면 먹기 좋은 크기로 썰어 예쁘게 담으세요. 깨소금을 살짝 뿌려도 좋습니다.

05. 고기 퓨전 요리

* 오트밀 미트로프 컵
Oatmeal Meatloaf Cups

아이들이 좋아하는 햄버거용으로 만든 미트로프입니다. 섬유소가 풍부한 오트밀을 빵가루 대신 사용해서 씹히는 맛
도 한결 부드럽고요. 많은 양을 만들어서 냉동해놓으면 음식 만들기 싫은 날 안성맞춤이죠. 미트로프 하나에 필요한
영양소가 다 들어가 있어 한 끼 식사가 될 수 있습니다.

Ingredients. . .

재료 보통 머핀 틀 사이즈로 20개분

양파 큰 것 1개, 당근 $\frac{1}{2}$개, 피망 1개, 샐러리
1줄기, 다진 소고기 600g, 유기농 케첩 1$\frac{1}{2}$컵,
오트밀 2컵

Joanne's Tip

- 머핀 틀이 없으면 오븐용으로 사용할 수 있는 큰 용기나 빵 틀에 미트로프를 만들면 편해요. 큰 용기에 담아서 할 때는 반드시 용기를 받쳐줄 컨테이너도 함께 넣어주세요. 그래야 고기와 채소의 즙이 흘러 타는 것을 방지할 수 있습니다.
- 미트로프 재료를 용기에 넣고 호일로 잘 덮어서 180℃에서 1시간 정도 구워주세요.
- 미트로프 용기 안에 국물이 흥건하게 나와 있으면 국물은 따라 버리고 미트로프를 컨테이너에 잘 옮겨 케첩을 골고루 발라 같은 온도에서 30분 정도 더 구워주면 돼요.
- 다 만들어진 미트로프는 완전히 식힌 후에 먹기 좋게 썰어 랩으로 잘 싸서 냉동보관(2개월 가량)하면 편하게 먹을 수 있어요.
- 미니 머핀 틀이 있으면 미니 머핀 틀에 미트로프를 만들어서 아이들 생일파티나 잔치에 사용하세요. 미리 잔뜩 만들어 냉동하고 손님이 오기 전에 미리 해동한 후 큰 베이킹 판이나 호일 컨테이너에 넣고 호일을 덮어 오븐에 데우기만 하면 됩니다.
- 너무 오래 가열하면 건조해져서 맛이 없어요. 굽기 전에 케첩을 한 번 더 발라 공기가 통하지 않도록 호일을 잘 덮어 오븐에 구워내면 좋아요. 케첩을 살짝 얹고 파슬리나 커터로 예쁘게 모양을 낸 치즈로 장식을 해도 좋고 파마잔 치즈 가루를 뿌려도 좋아요.

Start Cooking

1. 오븐은 180℃로 예열해주세요. 채소는 중간 크기 정도로 큼직하게 썰어 믹서기에 넣고 살짝살짝 돌려 다져주세요.

2. 잘 다져진 채소를 큰 볼에 넣고 다른 재료들을 모두 함께 넣어 잘 섞어주세요.

3. 작은 프라이팬에 기름을 살짝 두른 후 방금 섞은 재료의 간이 잘 맞추어졌는지 구워서 먹어보세요. 그리고 입맛에 맞게 케첩으로 간을 맞추어주세요.

4. 미트로프의 간이 맛있게 맞추어지면 머핀 틀에 넣어 수저로 공기구멍이 생기지 않도록 꾸욱꾸욱 눌러주세요.

5. 미리 예열한 오븐에 미트로프를 넣고 30분 정도 구워주세요.

6. 오트밀을 꺼내고 오븐 온도를 200℃로 올려주세요. 베이킹 판 위로 미트로프를 잘 꺼내 올린 후 케첩을 골고루 잘 발라 10분 정도 한 번 더 구워주면 완성됩니다.

05. 고기 퓨전 요리

*오렌지 소스 치킨 탕수육
Orange Sauce over Sesame Chicken

아이들이 좋아하는 탕수육을 조금 변형시켜본 오렌지 소스 치킨 탕수육입니다. 달걀흰자와 녹말가루에 닭고기를 재워서 육질은 부드럽고 튀김옷은 바삭한 닭가슴살 튀김에 오렌지 소스를 입혀 향긋한 과일의 향이 물씬 풍기는 고기 요리가 될 것 같아요.

Ingredients. . .

재료 2인분

달걀옷: 달걀흰자 2개, 녹말가루 2Tbs

탕수육 소스: 오렌지 주스 ½컵, 진간장 ¼컵, 꿀 2Tbs, 레몬 ½개, 전분가루 1Tbs, 얼음물 1Tbs, 닭가슴살 한쪽, 간 마늘 ½Tbs, 깨소금 4Tbs, 소금 조금

Joanne's Tip

Start Cooking

1. 먹기 좋게 썰어놓은 닭가슴살에 간 마늘과 소금을 살짝 넣고 잘 섞어주세요.

2. 작은 냄비에 오렌지 소스 재료를 모두 넣고 은근한 불에서 졸여주세요.

3. 달걀흰자에 녹말가루를 넣고 거품기로 잘 섞어주세요.

4. 마늘과 소금으로 간이 밴 닭고기를 전분에 묻힌 후 탈탈 턴 후에 180℃로 예열된 튀김 기름에 넣어 바삭하게 튀겨주세요.

5. 바삭하게 튀겨낸 닭고기는 기름종위 위에 올려 기름을 빼주세요.

6. 오렌지 소스가 반 정도 졸면 녹말가루와 물을 1:1 비율로 넣고 걸쭉한 소스로 만들어주세요.

7. 소스가 완성되면 튀긴 닭고기를 볼에 넣고 깨소금을 뿌린 후에 소스를 조금씩 뿌려가며 잘 섞어서 예쁜 접시에 담아주세요.

NewYork Style Dining Table

Part 06.

영양 듬뿍
슈퍼푸드 간식

* 감자 치킨 크로켓
Croquette

이 레시피는 염분이 거의 안 들어가 있어 상당히 담백한 간식입니다. 아주 어린 아기들(15개월 이후)도 먹을 수 있고, 크로켓의 속이 상당히 부드러워 편식이 심한 아이들의 한 끼 식사로도 충분한 음식이에요.

Ingredients. . .

재료 25개

감자 2개, 닭가슴살 400g, 당근 1개 시금치 ½
단, 우유 4Tbs, 달걀 1개, 유기농 호두유 · 소
금 · 통밀가루 · 빵가루 조금씩

Joanne's Tip

● 감자가 들어간 재료를 믹서기에 넣고 너무 많이 돌리면 감자가 분해되면서 끈적해지기 때문에 맛이 없어져요. 커터기에 재료들을 넣을 때는 모든 재료를 거의 같은 사이즈로 자른 후 넣어야 재료가 금방 섞일 수 있어요. 재료에 우유를 너무 많이 넣으면 동글동글 빚기 어려워요.

Start Cooking

1. 재료를 준비할 동안 닭고기는 우유에 재워놓습니다. 닭고기 특유의 비린내를 없애기 위해서랍니다.

2. 당근은 소금물에 삶아 익힙니다. 당근이 거의 다 익어갈 때 시금치를 넣고 10초 정도 삶은 후 당근과 함께 건져내어 물기를 뺀 후 찬물로 재빨리 헹구어냅니다.

3. 감자는 껍질째 전자렌인지 또는 찜통에 찐 후 껍질을 까세요. 감자가 익는 동안 닭가슴살에 칼집을 넣고 소금을 살짝 뿌려 프라이팬에 노릇하게 될 때까지 구워주세요.

4. 다 익은 닭고기와 당근은 커터기에 잘 갈릴 정도로 자른 후 시금치와 감자를 함께 넣어 돌려줍니다. 재료가 너무 퍽퍽하디 싶으면 우유를 소금 넣어주세요.

5. 다 섞인 재료를 동글동글 예쁘게 빚은 후 통밀가루, 달걀, 빵가루를 입혀 튀깁니다.

6. 아이가 케첩을 좋아하면 함께 내주세요.

01. 고기 안 먹는
아이들을 위한 간식

*바나나 불고기 롤
Sweet Banna Beef Roll

바나나는 맛이 달고 부드러워서 아기들 이유식으로도 적합하고 성장기 어린이나 어른들에게도 영양 만점 간식이죠. 바나나에 1개에는 대략 100cal 정도의 열량을 낼 수 있는 영양분이 들어 있고 바나나의 육질 대부분이 수용성 섬유질이기 때문에 체내 콜레스테롤 수치를 낮춰줍니다. 흡수된 당분은 빠르게 에너지원으로 전환되기 때문에 빠른 시간에 열량이 필요한 사람에게 좋은 과일입니다. 또한 바나나에 가장 많이 함유된 비타민 B6는 단백질 대사에 관여하는 아주 중요한 역할을 하고 대뇌의 신경전달 물질을 만들기 위해 꼭 필요한 비타민이라고 해요. 중간 사이즈 바나나를 먹으면 비타민 B6의 하루 권장 섭취량의 $\frac{1}{5}$을 섭취한 거나 다름이 없고 또한 비타민 C와 엽산도 10% 정도 섭취하는 셈이니, 유아나 성장기 어린이들처럼 많이 뛰어놀며 에너지를 빨리 소모하는 아이들에게는 더 없이 좋은 간식거리가 될 수 있습니다.

Ingredients. . .

재료 2인분

바나나 2개, 샤브샤브용 또는 불고기용 소고기 6장, 만능간장 소스 · 유기농 호두유 또는 포도씨유 조금

Joanne's Tip

- 고기는 얇은 불고기용이나 샤브샤브용으로 하면 말기 쉬워요.
- 오븐에 구울 때는 기름이 필요 없어요.
- 바나나는 열량 소모가 많은 아이들에게 아주 좋은 간식이에요. 또한 주의가 산만한 아이들에게는 천연 신경안정제 역할도 하는 과일입니다. 바나나에는 탄수화물은 물론, 트립토판, 비타민 A & B6와 다양한 무기질(미네랄) 등이 들어 있고 성장기 어린이에게 꼭 필요한 칼슘도 풍부하게 들어 있는 과일 중의 과일이랍니다.

Start Cooking

1. 고기의 기름은 다 제거하고 만능간장 소스에 30분 정도 재워놓습니다.

2. 재워놓은 고기로 바나나를 잘 말아놓습니다.

3. 오븐이 없으면 프라이팬에 기름을 살짝 두르고 고기가 골고루 다 익을 때까지 구워주세요. 오븐이 있으면 오븐을 '굽기'에 놓고 5분 정도 200℃로 예열한 후 바나나 롤을 오븐에 넣고 10분 정도 구워냅니다. 오븐에 구울 때는 기름이 필요 없습니다.

4. 고기가 뜨거우면 모양을 내어 자르기가 힘들어요. 그러니 잠깐 식힌 후 썰어주세요.

5. 식으면 아이의 입에 맞게 썰어서 접시에 냅니다.

바나나 불고기 스파게티
Banana Beef Spagetti

이 레시피는 바나나 소고기 롤을 만들고 남은 고기로 쉽고 빠르게 만들 수 있는 메뉴예요. 집에 바나나가 남아 돌고 있다면 함께 사용해보세요.

Ingredients. . .

재료 2인분
바나나 2개, 간 불고기 스파게티 면 2인분, 포도씨유 또는 헤즐넛 유 또는 땅콩유 · 소금(국수 삶을 때만 사용) · 발아 현미쌀눈

Start Cooking

1. 바나나 불고기 롤을 하고 남은 불고기는 믹서기에 넣고 완전히 갈아줍니다.

2. 완전히 갈아진 고기는 미리 예열된 프라이팬에서 잘 볶아 완전히 익혀줍니다.

3. 간 소고기 위에 바나나를 손으로 뭉득 뭉득 잘라 얹은 후 미리 삶아 놓은 스파게티면을 넣고 한 번 더 볶아줍니다.

4. 예쁘게 접시에 담고 발아 현미쌀눈이 있다면 깨소금을 뿌리듯 살살 뿌립니다.

Joanne's Tip

• 파스타나 스파게티면을 삶을 때 기름을 넣지 않으셔도 되어요. 대신 소금을 넣고(바닷물처럼 짜게) 면을 삶아주시면 따로 간을 안 해도 맛있는 면을 먹을 수 있어요!

• 다 익은 고기의 덩어리가 너무 클 경우 믹서기에 갈거나 손으로 잘게 부수어주세요.

• 잘게 부숴진 고기는 밀폐용 용기에 넣어 냉동보관하고 필요할 때마다 꺼내서 사용하시면 편하세요. 고기 주먹밥이나 감자 조림 등에 쉽고 빠르게 사용할 수 있어 편하답니다.

• 'Wheat Germ'이라고 하면 꼭 무슨 병균을 말하는 것 같지만 'Germination(발아작용)'의 약자예요. 발아현미를 물 속에 하루 정도 담가놓으면 현미에서 콩나물처럼 싹이 피어오르죠. 바로 이 배아 부분에서 싹이 트는 겁니다. 이 배아에는 비타민 E와 엽산(Folic Acid)이 풍부해서 임신을 원하는 엄마들은 반드시 임신 6개월 이전부터 꼭 보충해주어야 할 필수식품의 하나이죠.

발아현미 쌀눈(Wheat Germ)에서는 철분, 포타시움, 리보플라빈, 칼슘, 인, 마그네슘, 비타민 A, B1, B3, 등 우리 신체의 근육, 장기, 머리, 피부 등에도 아주 좋은 기능을 하는 다양한 영양소들도 풍부하게 들어 있고 면역성도 길러주며 산화작용도 막아주고 피를 맑게 해주는 비타민 E도 아주 풍부하게 들어 있어서 온 식구가 매일 먹어야 하는 슈퍼 영양식품 중의 하나랍니다.

* 치킨 사과 스틱

Chicken Apple Sticks

미국에서 "하루에 사과 1개를 먹으면 의사가 필요 없다"라고 할 정도로 사과의 우수성을 높이 평가하고 있어요. 사과는 비타민 C 이외에 다양한 미네랄과 칼슘이 풍부하게 들어 있으며 육식으로 인해 쌓였던 체내의 염분을 배출시키는 우수 과일입니다. 아침에 먹는 사과는 금이라고 할 정도로 사과의 유기산은 위액 분비를 촉진시켜 소화를 돕고 철분의 흡수도 높여주고, 배변활동 및 설사치료, 충치예방, 콜레스테롤 수치 및 혈압 상승 방지 등 성장기 어린이나 성인 모두에게 너무 좋은 과일이랍니다.

특히나 면역성이 낮은 어린이들이 학교를 들어가게 되면 항상 달고 다니는 감기 및 호흡기 질환도 사과를 매일 풍부 섭취함으로 해서 예방할 수 있고 사과의 항산화 물질이 학습능력과 기억력도 향상 시켜준다고 하니 매일 아침 1개씩 먹는다면 우리 아이들의 건강을 지켜줄 수 있을 거예요. 치킨 사과 스틱은 고기를 먹지 않는 아이도 맛있게 먹을 수 있는 간식입니다. 고기의 단백질과 사과에 들어 있는 양질의 영양소들을 함께 섭취할 수 있는 훌륭한 요리죠!

Ingredients. . .

재료 20개

사과버터(사과 5개분 준비) (57페이지 '사과버터' 참조), 닭가슴살 200g, 만두피 또는 춘권피 20장, 발아 현미쌀눈 또는 아마씨 가루 2Tbs

Joanne's Tip

- 남은 사과 스틱은 냉동실에 얼려 보관했다 사용하면 편해요. 쟁반 위에 페이퍼 타월을 1장 깔고 랩을 씌운 후 올리면 서로 붙지 않아요. 완전히 냉동된 사과 스틱은 공기가 통하지 않게 잘 포장하여 넣어두면 6개월 이상 보관 가능합니다. 한번에 많이 만들어놓으면 편해요.
- 남은 만두피나 춘권피로 멕시칸 디저트 '부뉴에로스(Buñelos de Año Nuevo)'를 만들어보세요! 멕시코에서는 설날에 설탕과 계피가루를 뿌린 또띠아 튀김을 디저트로 먹는다고 해요. 남은 만두피를 먹기 좋게 썰어서 기름에 튀긴 후 기름을 쪽 빼고 계피가루와 파우더 슈가, 꿀을 뿌리면 바삭바삭하고 달콤한 디저트가 됩니다.

Start Cooking

1. 우유에 30분 정도 재워놓은 닭가슴살의 수분을 잘 뺀 후 기름을 두른 프라이팬에 소금을 살짝 쳐서 익혀주세요.

2. 고기에 여분의 기름기가 흐르지 않도록 기름종이로 살짝 눌러 기름을 제거하고 믹서기에 넣어서 아주 잘게 갈아주세요.

3. 닭고기 가루를 준비된 사과버터에 섞고 아이가 계피가루 향을 좋아하면 첨가해도 좋아요. 발아 현미 쌀눈이나 아마씨 가루를 함께 섞어줘도 좋습니다.

4. 만두피나 춘권피에 속을 넣고 예쁘게 말아주세요. 가장자리는 물로 살짝 묻혀주면 잘 붙어요.

5. 기름을 두른 프라이팬에 만두피가 골고루 익도록 굽고 보기 좋게 담습니다

216

* 필리 치즈 불고기 샌드위치
Phily Cheese Bulgogi Sandwich

미국 펜실베이니아 주에 있는 필라델피아에 가면 'Jim's Steak'라는 80년 전통의 유명한 필리 치즈 스테이크 샌드위치 가게가 있어요. 얇게 구운 소고기에 양파나 다른 채소를 토핑해 긴 호기 빵에 넣어주는 이 샌드위치는 20세기 초 어느 외국인 부부에 의해 발명된 후로 미국에서는 많은 패스트푸드 체인이나 레스토랑에서도 파는 유명한 샌드위치가 되었죠. 이 필리 치즈 스테이크는 말처럼 두꺼운 스테이크 고기가 들어간 샌드위치는 아니구요. 불고기처럼 얇은 소고기를 구워 넣어주는데 우리 아이들의 입맛을 잡기 위해 만능간장 소스에 살짝 재웠다가 맛있게 볶은 채소와 모짜렐라 치즈를 얹어 만들어주면 담백하고 달콤 쫄깃한 별미가 된답니다.

Ingredients...

재료 20개

불고기용 또는 샤브샤브용 소고기 350g, 만능 간장 소스 ½컵, 양파 중간 크기 1개, 피망 1개 (양파보다 조금 작은 것), 유기농 오메가3 헤이즐넛 호두유 또는 포도씨유 · 소금 조금, 모짜렐라 치즈 1컵, 모닝 롤이나 샌드위치용 빵 적당히

Joanne's Tip

- 기호에 따라 머스터드나 케첩을 뿌려도 좋으며 아이들이 날채소를 좋아하면 얇게 썬 양상추나 토마토도 좋은 토핑이 될 수 있답니다.
- 만능간장 소스가 항상 준비되어 있으면 다양한 요리에 금방 사용할 수 있어 너무 편해요. 이 레시피도 마찬가지로 고기를 쉽고 빠르게 그리고 맛있게 잴 수 있고 만들 수 있는 영양 만점의 간식입니다.

Start Cooking

1. 채소는 얇게 채썰고 고기와 만능간장 소스도 준비하세요.

2. 준비된 고기에 만능간장 소스를 부어 살짝 재워주세요.

3. 중불에서 달군 프라이팬 위에 채소를 넣고 소금을 살짝 뿌려 양파가 투명해질 때까지 볶아주세요.

4. 채소를 볶아 낸 프라이팬 위에 재워놓은 고기를 올려 뒤집지 말고 그대로 구워주세요. 너무 완전히 굽지 말고 반 정도 구워주세요.

5. 준비된 빵 위에 고기와 채소 토핑, 모짜렐라 치즈를 올립니다.

6. 230℃로 예열된 오븐에 넣고 치즈가 녹을 때까지 5분 정도 구워냅니다.

* 소고기 감자 치즈컵
Ground Beef Potato Cheese Cup

아주 잘게 간 소고기가 들어가 고기를 싫어하는 아이들도 좋아할 간식입니다. 아이들이 특별히 싫어하는 채소가 있으면 다른 재료와 함께 섞어서 오븐에 구워내면 하나씩 들고 맛있게 먹을 수 있습니다.

Ingredients. . .

재료 레귤러 사이즈 12개

소고기 200g, 메이플 시럽 1Tbs, 진간장 $\frac{1}{2}$ Tbs, 유기농 헤이즐넛유 또는 아몬드 호두유 조금, 감자 · 양파 2개씩, 치즈 1컵, 달걀 2개, 빵가루 $\frac{1}{2}$컵, 버터 조금

219

Joanne's Tip

• 많이 만들어서 냉동해놓고(1개월 가량) 아이들 간식으로 주면 편해요.

Start Cooking

1. 감자와 양파는 채칼로 썰어 준비해주세요. 오븐은 200℃로 예열해주세요.

2. 기름이 없는 질 좋은 소고기 부위를 믹서기에 넣어 잘 갈아서 메이플 시럽과 진간장으로 재 워주세요.

3. 잰 고기는 충분히 달군 프라이팬에 올려 맛있게 볶아주세요.

4. 볶은 고기는 믹서기 넣고 아주 잘게 갈아주세요.

5. 채소와 고기, 치즈, 달걀을 넣고 살짝 단단하게 뭉쳐질 정도가 되면 머핀 틀에 옮겨 담아주 세요.

6. 재료를 머핀 틀에 넣고 빵가루를 뿌려 스푼으로 몇 번 눌러주세요.

7. 빵가루를 올린 재료 위로 버터를 조금씩 떼어 올리고 200℃로 예열된 오븐에서 20분간 구워 주세요.

* 초콜릿 돼지고기 크래커
Chocolate covered Pork Crackers

얇은 돼지고기에 녹말가루를 입혀 튀겨내니 바삭하고 쫄깃해서 꼭 육포를 먹는 듯한 느낌이 나는 크래커입니다. 독특하게 초콜릿 소스를 얹으니 아이들이 초콜릿 과자라고 생각하고 잘 먹을 거예요. 온 가족의 즐거운 간식이 되길 바랍니다.

 Ingredients. . .

재료 4인분

스키야키용 돼지고기 350g, 녹말가루 1컵 미림 2Tbs, 진간장 2Tbs, 설탕 1Tbs, 생강 4편, 땅콩유와 같은 튀김용 기름 조금, 초콜릿 소스 반 컵(61페이지 소스 만들기 참조)

Joanne's Tip

- 튀긴 돼지고기 크래커는 지퍼백에 넣어 냉장(3일) 또는 냉동(2주)보관하고 먹고 싶을 때마다 꺼내 드세요. 초콜릿 소스는 얹지 않고 그냥 먹어도 맛있어요. 아빠 술안주로 낼 때는 녹차가루(마차가루)와 소금을 살짝 섞어 뿌려보세요.

Start Cooking

1. 튀김 기름은 160℃로 예열해주세요.

2. 스키야키용 돼지고기를 볼에 넣고 양념 소스를 잘 섞은 후 30분간 재워주세요.

3. 양념이 맛있게 밴 돼지고기를 녹말가루 위에 놓고 앞뒤로 골고루 묻혀주고 얇게 펴지도록 칼 등으로 칼집을 넣어주세요.

4. 튀김 기름에 녹말가루가 떨어지지 않도록 양손으로 고기를 잡고 탈탈 털어주세요.

5. 예열된 기름에 고기를 소량씩 넣고 갈색이 될 때까지 바삭하게 구워주세요. 고기가 얇아서 금방 익어요.

6. 튀겨낸 고기는 기름종이에 올려 기름을 빼고 준비된 초콜릿 소스를 얹어 예쁜 그릇에 담아 냅니다.

222

* 파인애플 소고기 볶음밥
Pineapple Beef Fried Rice

신선한 파인애플을 씹을 때 나오는 단맛과 새콤한 맛이 입맛을 돋워주는 볶음밥입니다. 알록달록한 색깔의 볶음밥을 파인애플 안에 담아내면 아이들이 너무 좋아해요. 호기심도 불러일으키고 성장기 아이들에게 필요한 영양소가 골고루 들어간 파인애플 소고기 볶음밥으로 식탁에 환한 웃음을 선사하세요.

Ingredients. . .

재료 4인분

파인애플 ½통, 양파 큰 것 1개, 당근 1개, 파슬리 ½컵(크게 쥐어 한 줌), 잘게 다지거나 간 소고기 350g, 소금 · 후춧가루 조금씩, 참기름 1Tbs, 유기농 헤이즐넛 호두유 조금, 밥 4공기

Joanne's Tip

• 채소와 남은 파인애플로 오믈렛을 해보세요. 채소들을 프라이팬 위에 올려 맛있게 볶아준 후 잘 풀어놓은 달걀을 얹어 익히면 됩니다.

Start Cooking

1. 양파, 당근, 파인애플은 잘게 깍뚝썰고, 파슬리는 잘게 다집니다.

2. 파인애플은 반을 잘라 속을 잘 파서 과육은 따로 볶음밥 재료로 사용할 수 있도록 준비해주세요.

3. 소고기는 먹기 좋게 썰어서 소금, 후춧가루, 참기름으로 간을 해주세요.

4. 기름을 살짝 두른 달궈진 프라이팬에 양파와 소금을 약간 넣고 잘 볶아주세요.

5. 양파가 익어가면 고기와 나머지 채소들을 모두 넣고 잘 볶아주세요.

6. 고기와 채소들이 맛있게 익으면 밥을 넣어 재료들이 골고루 잘 섞이도록 볶아주고 간을 맞춰주세요.

7. 밥과 재료들이 맛있게 익으면 파인애플과 잘게 다진 파슬리를 넣고 재빨리 센불에서 한 번 볶아 파인애플 속에 잘 담아냅니다.

* 시금치 치킨 라비욜리와 오렌지 소스

Spinach Grilled Chicken Ravioli and Orange Sauce

치즈로 간을 맞춘 담백하면서도 상큼한 라비욜리예요. 한국에서는 물만두처럼 먹는 음식이 이태리에서는 라비욜리라고 불리죠. 만두소를 섬유소와 철분이 듬뿍 함유된 고구마와 시금치를 이용해 만들어보았습니다. 그냥 소만 떠먹어도 맛있고 또 이렇게 만두피에 올려 예쁘게 빚어서 오렌지 소스와 함께 곁들이면 아이들 입에 안성맞춤인 간식이 되어요.

Ingredients...

재료 4인분

물고구마 큰 것 1개, 닭가슴살 100g, 시금치 200g, 샤프 체다 치즈 100g, 만두피 40장, 오렌지 소스 1컵(60페이지 참고)

Joanne's Tip

• 남은 라비올리는 기름에 튀겨내어 먹어도 좋아요.

Start Cooking

1. 고구마는 찜통에서 푹 쪄주세요. 밤고구마보단 물고구마가 이 레시피와 잘 어울려요. 물고구마가 없으면 고구마를 찌고 찜통에서 꺼내지 말고 김이 다 빠질 때까지 그냥 두었다 사용해도 좋고 속이 너무 되다 싶으면 우유를 살짝 넣어 사용해도 좋아요. 큰 냄비에 물을 가득 받아 끓여주세요.

2. 닭고기는 우유에 30분 정도 재워서 비린내를 제거한 후 달군 프라이팬에 올려 소금을 살짝 뿌려 앞뒤로 골고루 잘 구워준 후 믹서기 넣고 완전히 갈아주세요.

3. 치즈와 다른 속재료를 모두 모아 믹서기에 넣고 잘 섞어주세요.

4. 만두피에 준비된 속재료를 조금씩 떼어놓고 예쁘게 모양을 냅니다.

5. 4번을 뜨거운 물에 넣어 물 위로 동동 떠오르기 시작하면 건져내 그릇에 담고 소스를 얹어주세요.

* 고구마 땅콩 호두 스틱
Sweet potato peanut walnut stick

고구마는 남녀노소 불문하고 모두 좋아하는 간식이죠? 화학성분이 들어간 시럽이 아닌 엄마가 직접 만들어준 간단한심플 시럽 하나로 고구마 땅콩 호두 스틱을 만들어주면 맛도 좋지만 입안 가득 퍼지는 고소하고 은은한 땅콩과 호두의 맛이 아이들의 두뇌 발달에도 한몫을 하고 변비 예방까지 해주는 행복한 간식이 아닐까 싶어요. 아이의 친구들이 놀러왔을 때 우유와 함께 내주면 훌륭한 간식이 됩니다.

 Ingredients. . .

재료 2인분

심플 시럽 4Tbs(58페이지 참조), 큰 고구마
2개, 땅콩 · 호두 ½컵씩, 튀김용 땅콩유 조금

227

Joanne's Tip

• 고구마를 너무 많이 넣으면 기름의 온도도 떨어지고 고구마의 수분이 나와 바삭하게 튀겨지지 않아요.

• 견과류는 실온에 놓아두면 견과류 속에 들어 있는 기름(불포화지방산)이 공기와 접촉하면서 발암성분을 일으킬 수 있어요. 견과류는 항상 공기가 통하지 않는 통이나 지퍼백 같은 곳에 잘 넣어서 냉동보관하면 오래 먹을 수 있답니다.

Start Cooking

1. 준비된 견과류는 칼로 잘게 다져주세요.

2. 고구마는 길게 아이들이 먹기 좋은 굵기로 썰어주세요.

3. 2번을 서로 엉기지 않을 정도로 해서 기름에 튀겨주세요.

4. 튀긴 고구마는 기름종이에 올려놓고 기름을 빼주세요.

5. 준비된 심플 시럽에 고구마를 묻힌 후 견과류를 살살 굴려가며 묻혀주세요.

* 두부 당근 모짜렐라 바
Tofu Carrot Mozzalella Bar

두부 당근 모짜렐라 바는 채소나 두부를 싫어하는 아이들까지도 모양과 질감 때문에 쉽게 먹을 수 있는 간식입니다. 바삭하게 튀겨진 겉과 치즈와 두부의 부드러운 속이 조화를 이루어 즐거운 비명을 일으킬 수 있는 간식이에요. 유기농 케첩을 찍어 먹어도 맛있고 따뜻하게 데운 토마토 소스에 찍어 먹어도 맛있답니다. 당근 또한 얇게 썰어 부드럽게 익혀주어 모든 내용물이 치즈와 같은 질감으로 만들면 당근을 싫어하는 아이들도 쉽게 먹을 수 있어요.

Ingredients. . .

재료 2인분

두부 ½모, 모짜렐라 스틱 6개, 당근 1개, 밀가루 · 달걀 · 빵가루 · 튀김용 땅콩유 조금씩

Joanne's Tip

- 두부에 들어 있는 단백질은 불포화지방산 비율이 높아서 기름진 음식과 달걀노른자, 갑각류에 많은 콜레스테롤 수치를 낮춰주는 효과가 있으며 레시틴이 풍부해 두뇌 회전을 원활하게 도와줍니다. 또한 요즘처럼 컴퓨터와 게임을 자주 하는 아이들에게 당근에 들어 있는 비타민 A와 활성산소를 제거해주는 베타카로틴, 항균효과를 내는 클로로필 및 기타 여러 무기질들이 들어 있어 아이들과 유아들에게 여러 모로 좋은 간식거리가 되지 않을까 생각합니다.

Start Cooking

1. 두부는 미리 꺼내 체에 받쳐 물기를 빼놓아요. 두부 위에 소금을 살짝 뿌리면 두부도 단단해지고 간이 살짝 되어 좋습니다.

2. 수분이 빠진 두부를 총 16개가 나올 수 있도록 가로 4등분, 세로 4등분 해주세요.

3. 당근을 채소 필러로 얇게 세로 방향으로 썰어주세요.

4. 썬 당근은 소금물에 3분 정도 데쳐주세요.

5. 모짜렐라와 두부를 잘 포개주고 데친 당근으로 얇게 펴서 돌돌 말아주세요.

6. 튀김 준비 3단계(통밀가루→달걀→빵가루)를 준비해주세요. 준비된 스틱을 3단계로 굴린 후 튀깁니다. 튀긴 후 기름종이 위에 올려놓아 기름이 빠지도록 해주세요.

* 치즈 수플레
Gruyere Cheese Soufflé

수플레는 프랑스 요리로 밀가루와 버터를 섞어 만든 반죽 루(Roux)와 달걀흰자로 만든 머랭(Meringue)을 넣어 만든 무스 같은 부드러운 음식이에요. 달걀을 싫어하는 아이나 유제품을 잘 안 먹는 아이들에게 좋은 간식입니다.

수플레의 기본만 잘 터득하면 여기에 다양한 재료들을 넣어 만들 수 있는 음식입니다. 채소, 햄, 고기, 허브, 과일 등 아이들이 안 먹는 음식들을 핸드블렌더로 갈아 부드러운 질감의 무스를 만들어주면 영양만점 간식 또는 한 끼 식사가 될 수 있어요. 수플레 속에는 달걀의 단백질과 오메가3 지방산이 풍부하게 들어 있고 치즈, 우유 등에 들어 있는 비타민, 칼슘 등도 섭취할 수 있는 음식이죠. 또 질감이 부드러워 씹는 것이 힘든 유아나 기운이 달렸던 아이들에게도 좋은 영양 보충식이 될 수 있지요.

치즈 수플레만 익히면 초콜릿이나 과일을 넣어 달게 만든 디저트용 수플레도 만들 수 있고 햄이나 채소, 허브 등을 넣어 짭짤하게 만든 수플레도 만들 수 있습니다. 냉장고에 남아도는 음식들이 있다면 오븐용 그릇 바닥에 깔고 그 위에 수플레를 덮어 구워내면 훌륭한 한 끼 식사도 될 수 있답니다.

Ingredients. . .

재료 4인분

유기농 달걀 4개(흰자와 노른자를 따로 분리),
우유 1컵, 밀가루 $\frac{1}{4}$컵, 버터 $\frac{1}{4}$컵, 그루이에
치즈 1컵 또는 $1\frac{1}{2}$컵, 파마잔치즈나 체다 치즈
조금, 달걀흰자 4개(머랭용)

Joanne's Tip

- 오븐에서 금방 구워나온 수플레는 상당히 부풀러 올라요. 하지만 오븐에서 꺼내는 순간 수플레는 점점 식어 금방 꺼진답니다. 수플레를 오븐에서 꺼내 바로 아이들에게 주면 부풀었던 수플레가 금방 가라앉는 것을 볼 수 있어 상당히 재미있어 해요. 아이들에게 주기 전에는 뜨거우니 반드시 가제 수건으로 감싸 주세요!

- 수플레는 뜨겁게도 먹고 차갑게도 먹을 수 있어요. 왼쪽 사진은 고구마를 완전히 갈아서 섞어 만든 디저트용 수플레예요. 고구마에 들어 있는 단 성분과 레미켄 내부의 버터와 설탕이 어우러져 한층 단맛이 강해지죠.

- 주석산은 포도과즙을 발효시켜 추출한 주석산의 하나로 하얀 밀가루처럼 생겼답니다. 이 주석산은 버터케이크나 스펀지케이크, 머랭처럼 달걀흰자를 만들 때 소량 넣어주면 달걀흰자가 탄력을 받아 더욱 풍성해집니다. 달걀이 알카리성이기 때문에 미국에서는 머랭을 만들 때 산성인 구리 볼(copper bowl)에 넣어서 만드는데 구리 볼이 없을 때는 주석산을 아주 조금 넣어주면 산성인 주석산과 알카리성인 달걀이 중화되어 풍성한 머랭을 만들 수 있을 거예요.

Start Cooking

1. 재료를 준비하는 동안 오븐은 180℃로 예열해주세요.

2. 그루이에 치즈는 강판에 중간 굵기로 갈아주세요.

3. 오븐용 레미킨이나 그릇 내부에 버터를 골고루 잘 발라주세요. 레미켄 가장 윗부분에도 버터가 잘 묻을 수 있도록 발라주세요. 버터가 잘 안 발라지면 수플레가 위로 올라갈 때 한쪽으로 쳐질 수 있답니다. 버터 대신 기름을 바르거나 파마잔 치즈로 내부를 코팅해도 좋습니다.

4. 루(55페이지 참조)에 치즈를 ½ 정도 넣어서 잘 섞어주세요. 치즈가 어느 정도 다 섞어졌으면 나머지 치즈를 다 넣고 다시 한 번 잘 섞어주세요.

5. 실온에 있던 달걀흰자 4개를 깨끗한 큰 볼에 넣고 빠른 속도로 거품을 내주세요. 주석산이 있으면 달걀흰자에 넣어 만들어주세요.

6. 만들어진 머랭의 ⅓만 미지근해진 반죽에 넣어 큰 원을 그리듯 살며시 접어주세요. 너무 빨리 또는

세게 문지르듯 머랭을 섞어주면 기포가 죽어서 나중에 수플레가 부풀지 않게 돼요.

7. 남은 머랭을 재료에 다 넣고 잘 섞어주세요. 이때 머랭이 희끗희끗 보여도 괜찮아요. 완전히 다 섞으려고 하다 보면 기포가 죽을 수 있으니 사진처럼만 섞어주세요.

8. 버터를 바른 레미켄에 재료를 ⅔ 정도 넣고 수플레 표면을 스푼으로 골고루 잘 펴주세요. 고구마 삶은 것을 레미켄 바닥에 깔고 수플레를 부어 만들어도 별미랍니다.

*양송이버섯 파마잔

Mushroom Parmigiano

양송이버섯은 단백질 함량이 뛰어나고 비타민 D를 비롯한 각종 미네랄이 풍부하게 함유된 종합영양세트라고 합니다. 또 양송이버섯은 칼로리도 낮고 식이섬유와 수분이 풍부하여 포만감도 주구요. 이 레시피는 아이들이 좋아하는 치킨 파마잔을 버섯으로 대체한 레시피입니다. 버섯을 싫어하는 아이들도 버섯인지 모르고 먹을 정도로 담백한 레시피예요. 아이들이 밥맛이 없다고 밥투정을 할 때 상큼한 토마토 소스와 모짜렐라 치즈를 함께 곁들인 양송이버섯 파마잔을 해주세요. 양송이버섯에서 나오는 맛있는 즙이 입안으로 퍼지며 쫄깃하고 담백한 치즈가 함께 어우러져 양송이버섯의 색다른 맛을 느낄 수가 있어요.

Ingredients. . .

재료 2인분

양송이버섯 작은 사이즈 20개(큰 것은 10개), 토마토 소스(스파게티 소스나 피자 소스도 가능) 1컵, 모짜렐라 치즈 1컵, 올리브유 조금

Joanne's Tip

• 양송이버섯 파마잔과 함께 스파게티를 삶아서 함께 내어보세요. 맛있는 한 끼 식사가 된답니다. 밥이나 찐 감자 또는 고구마와도 잘 어울려요.

Start Cooking

1. 양송이버섯은 껍질을 까서 준비해주세요.

2. 오븐의 베이킹 판에 호일을 깔고 그 위에 올리브유 조금과 소스를 얹어주고 양송이버섯을 얹습니다. 양송이버섯 중간에 깊이 팬 홈에 소스를 조금 넣고 그 위를 모짜렐라 치즈로 채워주세요.

3. 200℃로 예열된 오븐 또는 중불로 잘 달궈진 프라이팬 위에 재료를 넣고 15분 정도 모짜렐라 치즈가 완전히 녹을 때까지 구워주세요.

* 감자 당근 우유찜
Baked Milk Potato Carrot

우유 속에서 서서히 익혀진 감자 당근 우유찜이에요. 채소의 부족한 단백질은 우유가 보충해주고 채소 본연의 맛은 그대로 살아 있는 담백한 요리입니다.

 Ingredients...

재료 2인분

감자 2개, 당근 2개, 우유 적당히, 무염 버터 · 소금 조금씩

Joanne's Tip

- 우유를 너무 많이 넣으면 넘칠 수 있어요. 우유를 가득히 넣고 싶으면 귀가 높은 용기에 담아주세요.
- 계피가루와 소금을 채소 위에 골고루 뿌려가며 구워도 맛있어요.
- 모짜렐라 치즈를 사이사이 넣고 호일로 싸서 굽고 난 후 호일을 벗기고 치즈를 좀 더 올려 10분 정도 구 워주면 치즈 감자 그라탕이 되어요. 치즈를 넣을 경우 소금 간은 따로 하지 않아도 맛있어요.

Start Cooking

1. 오븐은 200℃로 예열해주세요.

2. 감자와 당근은 채칼로 얇게 편을 썰어주세요.

3. 오븐용 용기에 감자와 당근을 겹겹이 쌓아주세요.

4. 차곡차곡 쌓인 감자와 당근 재료 위에 미지근하게 데운 우유를 그릇의 반 정도까지 부어주세요.

5. 버터를 얇게 썰어 재료 위에 골고루 올려주세요.

6. 공기가 들어가지 않도록 호일로 잘 싸주세요.

7. 미리 예열된 오븐에 40분간 굽다가 호일을 벗기고 10분 정도 더 구워주세요.

*오렌지 주스 당근 조림
Orange Juice Braised Carrots

예쁜 주황색 당근을 오렌지 주스에 넣고 졸여보았습니다. 작은 모양의 귀엽고 앙증맞은 당근이고 엄마와 함께 예쁘게 당근 모양을 장식할 수 있어 당근을 싫어하는 아이들도 호기심을 가지고 엄마와 함께 만들어볼 수 있어요. 무엇보다도 또 자신이 만든 당근 요리이니 맛있게 먹겠죠?

Ingredients. . .

재료 2인분

당근 큰 것 1개, 유기농 아몬드유 호두유 · 소금 조금씩, 오렌즈 주스 1컵, 고수잎 줄기(장식용) 약간

238

Joanne's Tip

- 당근을 깍고 남은 자투리는 잘게 다져 당근 볶음밥이나 당근전, 당근과 시금치를 넣은 팬케이크 등으로 활용해보세요.
- 당근에는 베타카로틴이라고 하는 성분이 많이 들어 있습니다. 이 베타카로틴이 체내로 흡수되면 비타민 A로 전환이 되어 야맹증 및 거친 피부 회복 및 항암효과에도 상당한 도움을 준다고 합니다. 하지만 이 비타민 A는 지용성이라 기름으로 조리해서 먹을 때 더 많이 체내에 흡수된다고 하죠. 생으로 먹거나 다른 채소들과 섞어 먹으면 당근, 특히 껍질에 많이 함유 되어 있는 베타카로틴과 섬유소의 흡수를 제대로 할 수 없다고 합니다.
  또한 당근에는 비타민 C의 파괴 효소인 아스코르비나제가 들어 있어 비타민 C의 손실을 막기 위해 산성인 식초를 넣어주는게 좋아요.

Start Cooking

1. 당근은 3등분해서 네모틀로 잡아 직사각형 모양으로 준비하여 필러로 직은 당근의 모양을 내주세요.

2. 필러로 잘 다듬은 작은 당근의 뿌리 부분은 칼로 예쁘게 도려내어 모양을 잡아줍니다.

3. 기름을 살짝 두른 작은 냄비에 준비된 당근과 소금을 넣어 살짝 볶다가 오렌지 주스를 넣고 끓여주세요.

4. 뚜껑을 덮어 중약불에서 당근이 완전히 익도록 익혀주세요.

5. 당근이 완전히 익으면 이쑤시개 반대 방향을 이용해 꾹꾹 찔러 구멍을 내주고 그 사이에 준비된 고수잎 줄기를 아이와 함께 끼워주면 완성됩니다.

* 땅콩 소스 샐러리 스틱

Homemade Peanut Sauce Celery Raisin Stick

땅콩잼은 좋아하지만 샐러리를 좋아하는 아이들은 드물죠. 샐러리에는 성장기 어린이들에게 이로운 무기질, 칼슘, 인, 철, 나트륨, 칼륨, 마그네슘 등이 풍부하게 들어 있으며 비타민 군의 작용으로 신진대사 활성과 피로회복에 효과가 있다고 합니다. 거의 대부분이 수분 위주인 샐러리를 단백질이 풍부한 땅콩 소스와 달콤한 건포도를 곁들여 맛있는 간식을 만들어보아요. 땅콩 소스의 다소 되직한 질감을 샐러리가 중화시켜 입천장에 붙지 않고 고소한 땅콩 소스 샐러리 스틱이 될 것입니다.

Ingredients. . .

재료 2인분

유기농 샐러리 4줄기, 크리미 땅콩 소스(63페이지 참조) 조금, 건포도 ½컵

240

 **Joanne's Tip**

- 땅콩 소스를 작은 지퍼백에 넣어 짜주면 편리해요.
- 샐러리는 농약이나 기타 화학비료 등을 쉽게 빨아들이는 채소라 유기농으로 구입할 것을 권해드려요.

Start Cooking

1. 샐러리는 깨끗이 씻어 2등분하여 샐러리 안쪽 패인 부분에 땅콩 소스를 넣고 건포도를 올려
   접시에 담아냅니다.

* 채소 크림 수프
Vegetable Cream Soup

채소 크림 수프는 제가 아프면 가끔씩 어머니께서 만들어주셨던 것입니다. 식당에서 하루 종일 일을 하시던 어머니께서 경양식 주방장님의 어깨 너머로 배우셨다고 만들어주셨던 수프예요. 이 채소 크림 수프는 채소가 거의 안 보일 정도로 잘게 들어가는 것만 다를 뿐 저희 어머니께서 만들어주셨던 버터 밀가루 루를 기본으로 만들어 담백한 맛이 우러나오는 수프입니다. 채소를 싫어하는 아이들을 위해 채소를 곱게 갈아 만들어 부담 없이 먹을 수 있는 요리가 되었으면 좋겠습니다.

Ingredients...

재료 2인분

양송이버섯 8개, 양파 큰 것 1개, 샐러리 2개, 당근 ½개, 무염 버터 또는 아몬드유 2Tbs, 밀가루 2Tbs, 소금 ½Tbs, 우유 4컵

Joanne's Tip

• 남은 채소는 냉동보관해서 나중에 사용하세요. 채소전을 만들어도 좋고 달걀 오믈렛을 만들 때 함께 섞어서 만들면 바쁜 아침, 손을 덜 수 있어 편하답니다.

Start Cooking

1. 채소는 모두 같은 양으로 준비해서 믹서기에 넣고 잘게 다져주세요.

2. 냄비에 버터를 녹인 후 준비된 채소를 넣고 채소가 맛있게 익을 때까지 달달 볶아주세요.

3. 채소가 투명해질 정도로 익으면 밀가루를 솔솔 뿌려서 중불에서 2~3분 정도 더 볶아주세요.

4. 밀가루가 채소와 섞여 반죽이 똘똘해지면 우유를 서서히 부어가며 채소 **루**를 풀어주세요.

5. 약불에시 20분 정도 더 끓여주면 수프가 완성됩니다.

02. 채소와 콩
안 먹는 아이들을
위한 간식

* 영양 가득 깻잎전
Perilla Leaves Wheat Germ Pancakes

부침개는 손쉽고 재빨리 만들 수 있는 요리 중 하나죠. 철분 함량이 높은 깻잎과 면역성분과 비타민이 풍부한 채소와 슈퍼 영양소인 발아 현미쌀눈을 이용해 깻잎 채소전을 만들어보았습니다. 어린 아이부터 나이 드신 부모님께도 친근한 부침개로 영양까지 함께 듬뿍 챙겨주세요.

 Ingredients. . .

재료 4인분

깻잎 20장, 양파 중간 크기 1개, 당근 $\frac{1}{2}$개, 감자 1개, 표고버섯 3개, 피망 작은 것 1개, 달걀 큰 것 1개, 통밀 페이스트리 가루 1컵(없을 때는 중력분으로), 발아 현미쌀눈 4Tbs, 얼음물 $\frac{3}{4}$컵, 소금·유기농 아몬드유 호두유 또는 헤이즐넛유 아보카도유 조금씩

Joanne's Tip

- 페이스트리 플라워란? 밀가루는 물과 합쳐졌을 때 글루텐이라고 하는 혼합 단백질을 형성합니다. 이 글루텐이 있어야 팽창을 하기 때문에 글루텐의 많고 적음에 따라 밀가루의 종류가 나뉘어져요. 우리가 가장 많이 사용하는 중력분은 글루텐 함량이 제일 많고 페이스트리 플라워는 중력분과 박력분의 중간 정도로 글루텐 형성도가 조금 낮아요. 페이스트리 플라워가 없으면 중력분으로 해도 맛있는 부침개를 부칠 수 있고 시중에 나와 있는 부침개 가루를 이용해도 좋아요.

- 발아 현미쌀눈에는 비타민 E와 엽산, 철분, 포타시움, 리보플라빈, 칼슘, 인, 마그네슘, 비타민 A, B1, B3 등 우리 신체의 근육, 장기, 머리, 피부 등에 좋은 역할을 하는 다양한 영양소들이 풍부하게 들어 있으며 단백질 또한 많이 함유되어 있어 면역성을 키우는 데도 좋고 산화작용을 막아주어 피를 맑게 해주는 슈퍼 영양 식품 중 하나예요.

  발아 현미쌀눈 가루는 아침에 팬 케이크를 만들 때도, 시리얼을 먹을 때도, 빵을 구울 때나 이렇게 부침개를 할 때 함께 넣어 요리를 하면 자연스럽게 좋은 영양소들을 골고루 섭취할 수 있어 좋습니다. 발아 현미쌀눈은 매일 섭취하여도 무방한 식품입니다. 아이가 먹을 때 엄마도 아빠도 또 부모님들도 함께 드실 수 있는 요리로 건강한 가족이 되기를 바랍니다. 발아 현미쌀눈은 개봉 후 반드시 냉장보관하세요.

Start Cooking

1. 채소는 모두 잘게 깍뚝썰거나 믹서기에 넣어 살짝 다집니다.

2. 채소가 준비되면 모든 재료들을 볼에 넣고 얼음물을 넣어 농도를 맞추며 잘 섞어주세요.

3. 반죽이 너무 질지도 너무 되지도 않을 정도로 섞어주세요. 채소에서 수분이 나와 처음에는 되도 조금 지나면 물이 생길 수 있으니 약간 되직하다 싶을 정도로 물을 맞추어주세요.

4. 잘 달군 프라이팬에 기름을 두르고 중불에서 노릇노릇하게 전을 구워내서 접시에 담아냅니다.

* 과일 크림 커스터드

Fruit Cream Custard

이 과일 크림 커스터드는 제빵에서 다루는 기본 커스터드 중 하나입니다. 만들기 어렵지 않은 레시피예요. 미리 연습 삼아 적은 양으로 해보고 자신감이 붙으면 아래 레시피로 양을 2배로 해서 만들어보세요. 아이들이 아주 좋아하는 과일 크림 커스터드가 될 거예요.

Ingredients. . .

재료 $\frac{1}{2}$컵 분량

우유 250ml, 설탕 37.5g, 달걀노른자 2개, 밀가루 10g, 녹말가루 10g, 바닐라 엑스트랙 $\frac{1}{2}$Tbs 또는 바닐라 $\frac{1}{2}$개, 딸기 · 블루베리 · 귤 · 키위 적당히

Joanne's Tip

• 아이들 생일에 예쁘게 커스터드 크림 과일 타르트를 만들어주면 좋아해요. 크림 커스터드로 크림빵처럼 만들어주어도 좋아해요. 크래커나 채소에 찍어 먹어도 좋습니다.

Start Cooking

1. 냄비가 들어갈 정도의 큰 볼에 얼음물을 준비해주세요.

2. 우유를 냄비에 넣고 은근한 불에서 끓여주세요. 바닐라 빈을 반으로 잘라 빈을 긁어내어 우유에 넣고 껍질과 함께 넣고 졸여주세요.

3. 달걀노른자와 설탕을 섞고 거품기로 아주 빠르게 설탕의 분자가 희어질 때까지 잘 섞어주세요. 크리미 하게 변하고 있는 설탕과 달걀노른자에 바닐라 향을 넣고 더 섞어주세요.

4. 밀가루와 전분을 한데 섞어 가는 체에 넣고 재료가 잘 섞이도록 빠르게 저어주세요.

5. 살짝 끓고 있는 우유를 반 정도 덜어 재료에 서서히 넣어가며 빨리 섞어 온도를 맞추어주세요. 너무 빨 리 뜨거운 우유를 넣으면 달걀이 익을 수 있어요.

6. 5번을 우유가 들어 있는 냄비에 천천히 다 넣고 중불에서 3분 정도 계속 저어가며 익혀주세요.

7. 커스터드가 완벽하게 익어 준비되면 준비된 얼음물에 냄비를 올리고 빠른 속도로 커스터드를 저어가 며 식혀주세요.

8. 완전히 차갑게 식은 커스터드는 공기가 커스터드의 표면에 닿지 않도록 꼭 싸서 사용할 때까지 냉장 보관해주세요.

9. 차갑게 준비된 커스터드를 식빵이나 카스테라 또는 스펀지 케이크에 과일과 함께 올려 장식해주면 완 성됩니다.

*블루베리 팬케이크
Blueberry Pancake

아이들이 좋아하는 팬케이크에 아이들이 잘 먹지 않는 여러 재료들을 숨겨 건강을 지켜주세요. 과일이나, 채소, 고기도 팬케이크에 숨기면 감쪽같아요. 고기처럼 입자가 굵은 것을 숨길 때는 고기를 맛있게 익혀서 믹서기 넣고 완전히 갈고 채소는 뜨거운 소금물에 한 번 데쳐 믹서기에서 완전히 갈아 섞으면 감쪽같아요.

간 고기, 브로콜리, 시금치, 당근, 호두, 잣 등 모두 믹서기에 갈아서 건포도와 팬케이크 믹스를 잘 섞어주세요. 하루에 필요한 채소의 양을 모두 섭취할 수 있을 거예요.

 Ingredients. . .

재료 4인분

중력분 1½컵, 발아 현미쌀눈 ¼컵, 베이킹파우더 1Tbs, 소금 살짝, 우유 1컵, 달걀 큰 것 1개, 유기농 헤이즐넛유 · 호두유 조금씩

248

Joanne's Tip

- 기름을 조금은 많다 싶을 정도로 두르면 바삭하게 구울 수 있어요. 메이플 시럽은 시럽 맛을 낸 유사제품이 아닌 캐나다에서 직접 만든 것으로 사용하세요.

과일 팬케이크

팬케이크 믹스에 과일을 섞어 과일 팬케이크로 구워도 좋아요. 단, 수분기가 많은 딸기와 같은 과일을 넣을 때는 물이 많이 생길 수 있으니 다른 과일보다 그 양을 적게 넣어주세요.

파인애플 팬케이크

파인애플 팬케이크를 만들 때는 파인애플을 미리 팬에 올려 잘 익힌 후에 팬케이크 믹스를 올려주어야 골고루 잘 익어요. 차가운 파인애플 위로 팬케이크를 올리면 가운데만 안 익을 수 있어요. 파인애플을 미리 프라이팬에 올려 앞뒤로 뜨겁게 구워준 후 그 위로 팬케이크 믹스를 올려주면 골고루 잘 익는답니다.

 # Start Cooking

1. 팬케이크 재료를 모두 볼에 넣고 우유를 넣어 잘 섞어주세요. 반죽이 되다 싶으면 우유를 조금 더 첨가하여 뚝뚝 떨어지는 묽기로 맞추어주세요.

2. 기름을 두르고 중불에 달군 프라이팬 위에 1번을 소량 넣고 그 위로 블루베리를 듬성듬성 올려주세요.

3. 팬케이크에 작은 방울이 3개 정도 터지면 뒤집고 2분 정도 있다 꺼내면 완성됩니다. 질 좋은 메이플 시럽과 함께 내주세요.

03. 과일과 유제품
안 먹는 아이들을
위한 간식

* 꿀맛 요거트와 과일 냉우동

Cold Buckwheat Noodle With Fruits and Honey Plaing Yogurt

우동을 유난히 좋아하는 아이들이 많이 있지요. 우동의 쫄깃한 면발이나 소면의 가늘고 짭쪼름한 맛 등 면이 주는 즐거움은 다양한 것 같아요. 유산균이 듬뿍 들어 있는 플레인 요거트에 꿀을 섞어 단맛을 내어 모밀국수나 우동, 소면 등과 과일을 함께 섞어 먹으면 색다른 맛이 나요.

아이들의 취향에 따라 소면으로 대신해도 좋은 레시피입니다. 뜨거운 여름 시원한 꿀맛 요거트와 과일 냉우동으로 아이들의 더위를 식혀주세요.

 Ingredients. . .

재료 2인분

플레인 요거트 1통, 꿀 2Tbs, 허니듀 $\frac{1}{2}$컵, 수박 $\frac{1}{2}$컵, 키위 $\frac{1}{2}$컵, 우동 2인분, 소금 · 계피가루 조금씩

Joanne's Tip

• 플레인 요거트가 없으면 아이들이 좋아하는 요거트를 이용해도 좋아요. 맛이 첨가된 요거트를 사용할 때는 계피가루를 따로 넣지 않아도 돼요.

Start Cooking

1. 볼러가 있으면 볼러로 과일에 모양을 내고 없으면 예쁘게 사각 모양으로 잘라 준비해주세요.

2. 소금물이 끓으면 모밀국수를 넣고 맛있게 삶은 후 찬물에 헹구어 준비해주세요.

3. 요거트에 꿀을 올려 잘 섞고 차가운 그릇에 재료를 모두 예쁘게 담아주세요.

03. 과일과 유제품
안 먹는 아이들을
위한 간식

* 사과 시나몬 토스트
Apple Cinnamon Toast

매일 먹는 토스트에 살짝 변화를 주어보았습니다. 사과와 버터가 잘 어우러져 사과파이 같은 맛이 살짝 나는 사과 시나몬 토스트예요.

 Ingredients...

재료 2인분

식빵 2개, 사과 1개, 계피가루 · 무염 버터 · 시럽 조금씩

253

Joanne's Tip

- 먹기 직전에 시럽이나 꿀 또는 설탕을 살짝 뿌려주세요.

Start Cooking

1. 사과는 껍질을 깨끗이 닦고 껍질째 얇게 채칼로 썹니다.

2. 오븐은 180℃로 예열해주세요.

3. 식빵에 버터를 얇게 펴 바르고 사과를 예쁘게 올려주세요.

4. 사과를 올린 식빵 위에 계피가루를 솔솔 뿌려주세요.

5. 계피가루 위에 버터를 조금씩 올려 예열된 오븐에 10~15분 정도 사과가 물러질 때까지 구
워주세요.

* 오트밀 건포도 호두 쿠키
Oatmeal Raisin Walnut Cookie

저희 아들과 신랑이 제일 좋아하는 오트밀 쿠키 레시피입니다. 가끔씩 아들 친구들에게도 선물로 만들어주는 쿠키예요. 아래 쿠키 레시피에서 버터와 달걀, 바닐라만 빼고 건재료들만 예쁜 병에 순서대로 담고 빠진 재료와 레시피 방법을 종이에 써서 친구에게 주면 아주 멋진 선물이 되어요.

Ingredients...

재료 60개

무염 버터 2스틱(또는 유기농 아몬드유 1컵),
설탕 ¾컵, 흑설탕 ¾컵, 달걀 2개, 통밀가루
2컵, 소금 · 계피가루 · 베이킹파우더 · 소다
1Tbs씩, 오트밀 2컵, 건포도 1컵, 뜨거운 물
2Tbs, 간 호두 ½컵, 바닐라 액스트랙 2Tbs

Joanne's Tip

• 건포도가 없으면 건크렌베리나, 건살구, 건파인애플, 건망고 등으로 대체해도 좋아요. 하지만 이렇게 건 과일류를 많이 넣을 경우에는 설탕의 양을 반 이상으로 줄여주세요. 과일에서 우러나는 단맛이 강해 설 탕을 넣지 않아도 맛있는 쿠키가 되어요.

Start Cooking

1. 오븐은 180℃로 예열해주세요.

2. 실온에 놓아 물러진 버터와 설탕을 믹싱볼에 넣고 부드러워질 때까지 섞어주다가 달걀을 넣고 믹스해주세요. 믹싱볼이 없으면 나무 주걱으로 재빨리 돌리면 돼요.

3. 밀가루, 소금, 계피가루, 베이킹파우더, 오트밀을 버터크림에 넣고 잘 섞어주세요.

4. 뜨거운 물을 조금 넣고 건포도와 바닐라 액스트랙을 넣어 다시 잘 섞어주세요.

5. 베이킹 판에 유산지를 깔고 원하는 사이즈와 굵기로 올려 모양을 내주세요.

6. 예열된 오븐에 넣고 10~15분 정도 구워주세요. 바삭하게 먹고 싶다면 15분 이상, 촉촉하게 먹고 싶으면 10분 정도 구워주세요.

* 와카몰리
Mexican Style Guacamole

과일 중 영양소가 으뜸인 아보카도로 멕시칸 스타일의 찍어 먹는 디핑 소스를 만들어 다양하게 활용해보세요. 또띠아에 발라 먹어도, 부리또를 먹을 때도, 달걀 오믈렛과 함께 먹어도 좋은 맛있는 멕시칸 스타일 와카몰리 딥입니다.

 Ingredients...

재료 2인분

아보카도 1개, 잘게 다진 고수 2Tbs, 씨를 빼고 잘게 다진 토마토 2Tbs, 잘게 다진 양파 2Tbs, 라임즙 $\frac{1}{2}$쪽, 소금 · 후춧가루 조금씩

Joanne's Tip

- 한번에 많이 만들어서 공기가 통하지 않는 밀봉된 통에 한 번 먹을 만큼씩 넣어 냉동보관하면 한 달 이상은 처음 그대로의 신선한 상태로 유지해서 먹을 수 있어요. 아보카도는 산소에 노출되면 금방 산화되기 때문에 실온 또는 냉장고에 보관하면 색이 검게 변해요. 그러니 소량씩 냉동보관해두면 금방 한 것처럼 맛도 있고 색도 그대로 보존되어 좋아요.

Start Cooking

1. 채소는 모두 작게 깍뚝썰기하세요. 토마토는 씨를 완전히 제거하고 살 부분만 깍뚝썰기하세요.
2. 아보카도는 반으로 자르고 부엌칼 뒷부분으로 살짝 찍어 씨를 뺀 후 씨는 페이퍼 타월로 살짝 잡아 빼세요.
3. 모든 재료를 볼에 넣고 손으로 잘 으깨고 소금, 후춧가루, 라임즙으로 간을 맞춰주세요.

* 슈퍼베리잼

Super Grow Foods Berry Jam

슈퍼푸드 중 하나인 블루베리와 다른 종류의 베리를 이용하여 새콤달콤한 슈퍼베리잼을 만들어 보았어요. 비타민 C 가 풍부한 슈퍼베리잼으로 상쾌한 아침을 열어주세요. 다음 레시피는 1주일 분입니다.

 Ingredients...

재료 1컵

산딸기 1컵, 블루베리 1컵, 딸기 1컵, 레몬 1개, 레몬 슬라이스 1쪽, 터비나도 설탕 또는 흑설 탕 $\frac{1}{2}$컵, 소금 조금, 물 $\frac{1}{4}$컵

Joanne's Tip

• 아보카도 스프레드는 아기들 이유식에도 좋아요. 아기는 하루 1Tbs 정도, 어른은 하루 반 정도의 양이 적당한 것 같아요.

• 아보카도는 금세 갈변이 일어날 수 있어 먹을 만큼 그때그때 해드시는 것이 좋아요. 남은 스프레드는 냉장고에 보관하세요. 윗부분이 살짝 어둡게 변했다고 해서 상한 것은 아니에요. 잘 섞으면 괜찮아요. 단, 이틀은 넘기지 마세요.

Start Cooking

1. 아보카도와 바나나를 볼에 넣고 손으로 잘 으깨주세요. 취향에 따라 소금간을 살짝 해도 좋지만 그대로 먹어도 맛있습니다.

03. 과일과 유제품
안 먹는 아이들을
위한 간식

* 블루베리 딸기 크림 치즈 스프레드

Blueberry Strawberry Cream Cheese Spread

신선한 과일을 섞어 만든 크림 치즈예요. 과일의 신선한 맛이 그대로 치즈와 섞여 담백하면서도 상큼한 과일의 향을 느낄 수 있는 스프레드입니다. 베이글이나 크래커와 함께 먹어도 좋습니다.

Ingredients...

재료 크림치즈 8조각

블루베리 $\frac{1}{2}$컵, 딸기 $\frac{1}{2}$컵, 크림 치즈 1통,
꿀 2Tbs

Joanne's Tip

- 과일의 양이 너무 많으면 묽어질 수 있어요. 과일을 레시피의 양으로 했을 때 믹서기에서 갈고 나면 살짝 물기가 있습니다. 하지만 바로 용기에 담아 냉장고에 한두 시간 있으면 먹기 좋은 치즈로 굳어집니다.

Start Cooking

1. 믹서기에 재료를 모두 넣고 과일이 완전히 섞이도록 갈면 됩니다.

*메이플 시럽 호두 건포도 크림 치즈

Maple Syrup Walnut Risins Cream Cheese

Ingredients...

재료 크림 치즈 8조각

크림 치즈 8온스 1통, 건포도·호두 한 줌,
계피가루 조금, 메이플 시럽 3Tbs, 바닐라
엑스드랙 $\frac{1}{2}$Tbs

Joanne's Tip

- 과일 크림 치즈를 만들 때 견과류 크림 치즈도 함께 만들어보세요. 호두의 고소한 맛과 건포도의 달콤한 맛이 크림 치즈와 잘 어우러져 베이글의 맛을 한층 더 깊이 있게 만들어준답니다.

Start Cooking

1. 모든 재료를 믹서기에 넣고 돌려주세요. 견과류와 건포도의 씹히는 맛이 좋으신 분들은 살짝만 갈아주세요.

춤에 살고
열정에 살고

저는 어려서부터 무용을 무척이나 좋아했습니다. 어느 날 TV에서 우연히 무용수가 하얀 승무복을 입고 춤을 추고 있는 모습을 보게 되었어요. 그 무용수의 아름다운 춤사위에 폭 빠져 부모님께 무용을 시켜 달라고 울며불며 막무가내로 졸랐었던 때가 있었습니다. 그렇게 저는 무용을 시작하였고 한국어린이예술단 리틀엔젤스를 거쳐 선화예중과 선화예고, 이화여자대학교를 거치며 계속 무용을 히였습니다. 1990년대 말 한창 유학 붐이 거세게 일고 있던 때, 저도 유학이 너무 가고 싶어 어려운 가정형편을 꾸려나가느라 고생하시는 부모님의 처지는 안중에도 없이 이대에 합격하는 조건으로 유학을 보내 달라고 떼를 썼습니다. 하지만 유학의 문은 가정 형편이 어려웠던 제게는 상당히 먼 길이란 것을 알게 되었고 대학 입학 후 혼자서 유학을 가겠다고 마음을 먹고는 열심히 유학 준비를 하여 대학을 졸업을 하던 해 9월, 뉴욕대학교 예술대학원에 우여곡절 끝에 입학하게 되었습니다.

조앤의
뉴욕 스토리

뉴욕대학원 개강 이틀을 남겨놓고 정말 어렵게 뉴욕에 도착했습니다. 어머니께서 꼭 필요할 때 쓰라고 두꺼운 영한사전 사이사이 끼워주신 300달러는 어디로 갔는지 뉴욕 체류 일주일이 지나 바닥이 났습니다. 저는 굶어 죽지 않으려면 일을 해야 한다는 생각에 닥치는 대로 일했습니다. 제가 유학을 떠나기 전 학교 선배들과 교수님들은 "일하면서 공부 절대 못한다"고 귀에 못이 박히도록 조언해줬는데 저는 왠지 모를 오기가 생겼습니다. 불가능이란 없다는 것을 꼭 알려주고 싶었답니다. 저는 식당 주방 설거지부터 시작하여 추운 겨울 새벽 아무도 걸어 다니지 않던 큰 공원의 가로수에 크리스마스트리를 장식하는 회사의 일도 하고 이삿짐센터의 짐꾼에, 캐셔, 식당 종업원까지 가난한 유학생이 할 수 일이란 일은 죄다 했습니다. 그렇게 저는 뉴욕에서의 대학원 생활 내내 학교 공부하랴 수업 끝나면 새벽 늦게까지 일하랴 그 흔한 학생 동호회 한번 참석해보지도 못하고 친구 하나 없이 대학원 생활을 마치게 되었습니다.

조앤의
푸드 스토리

무용수의 꿈을 이루기에는 도저히 불가능한 생활이었기에 대학원을 졸업하며 예술경영학 분야로 눈을 돌리게 되었고 한국 문화예술 진흥 및 비영리 단체의 경영에 조금이라도 기여해보겠다는 당

찬 꿈을 가지고 여러 미국 비영리 단체에서 일을 하기 시작하며 내실을 쌓기 시작하였습니다. 공연 기획사며 뮤지컬 제작사, 무대기술 노동조합, 소수민족 여성기업인협회, 홍보회사, 무대장치 회사, 하다못해 상법 전문 변호사 사무실에서까지 다양한 일을 하며 실력을 쌓기 시작했습니다. 시간이 흘러 그토록 원하던 뮤지컬 제작사인 리차드 프랭클 프로덕션에 입사하여 지금은 너무 유명해진 〈난타〉와도 인연을 맺게 되었습니다. 〈난타〉와의 인연은 먹고 사느라 잊고 있었던 사람 냄새와 정을 느낄 수 있게 해주는 계기가 되었고 더운 날씨에도 불구하고 열심히 연습하는 단원들을 위해 두 발에 땀이 나도록 뛰어다녔던 기억이 납니다. 그렇게 〈난타〉는 성공적으로 첫 에든버러 무대에 입성했고 전 그 뒤로 개인 공연 기획사를 설립하여 회사를 꾸려나가기 시작했습니다.

저는 공연 행정뿐만 아니라 기술 분야까지도 꼼꼼히 따질 줄 아는 공연 기획 · 제작자로서 두각을 나타내기 시작했고 공연자들이 매년 모이는 세계 공연 기획자 컨퍼런스를 통해 유럽 여러 지역에서까지도 제작자로 초빙받아 해외 여러 곳을 다니며 공연도 성사시키고 한국 공연 시장에까지 서서히 발을 들이게 되는 기회를 얻게 되었습니다.

2000년 경희대학교 대학원에 계셨던 이근수 교수님의 부탁으로 해외 공연 문화의 트렌드나 해외 상품의 시장화 등에 대한 특강을 하며 한국과 미국의

가교 역할을 하는 젊은 프로듀서였죠.

그러던 어느 날 항상 그래왔던 일이지만 1년이 넘게 힘들게 준비했던 공연이 성공적으로 막을 내리고 무거운 가방과 함께 호텔로 걸어가고 있을 때 갑자기 제게 빨간 신호등 하나가 켜졌습니다. 겉으로 보기에는 화려해 보일지 모르지만 이것은 진짜 내 모습이 아니라는 생각이 문득 들었습니다. 이 일을 계기로 저는 제 자신을 뒤돌아볼 수 있는 시간을 가지며 답을 구하기 시작했습니다.

제가 미국에 도착하여 처음으로 일했던 식당에서의 경험을 떠올렸죠. 막내 주방장에서 시작해 브로드웨이 대형 식당에까지 진출했던 그 경험 말이지요. 제가 만든 음식을 먹고 좋아하며 박수까지 쳐주던 그 많은 사람들도 함께 떠올리며 그 의미를 되새겨봤습니다.

그것은 나의 내면을 속이고 명예와 부를 좇으며 살고 있는 지금의 삶에서는 절대 있을 수 없는 일이었습니다. 아무것도 바라는 것 없이 베푼다는 마음으로 할 때만 받을 수 있는 진솔한 노력의 대가였죠.

그렇게 저는 오랜 성찰의 시간을 갖고 답을 하나 얻었습니다. 제가 가진 경험과 토대만으로는 음식 업계에서 성공할 수 없다는 생각을 하게 되었고 차후 나만의 작은 레스토랑이라도 하나 차리려면 전문가가 되어야 한다는 생각이 들었습니다. 그래서 요리의 기본인 프랑스 전문 요리 학교(French Culinary Institute)에서 음식 예술 및 기술학 쉐프 자격증을

따고 뉴욕의 유명한 레스토랑에서부터 유명 파티의 보조 쉐프(Assistant Chef)로 일하며 경력을 쌓았습니다. 신랑은 뉴욕 주류업계의 큰 파티를 담당하는 빛의 디자이너로 저는 파티장의 파티 쉐프로 가끔씩은 같은 파티장에서 얼굴을 마주치면서 인연을 쌓아갔죠.

내 인생 최고의보물, 가족

신랑이 외국(영국계 미국인)인이다 보니 집에서 먹는 음식들이 모두 퓨전화되었습니다. 그렇게 오랜 세월 신랑과 함께 지내오며 항상 연구하고 노력했던 수많은 레시피들과 한국 문화 속에서 자란 저의 독특한 환경적 배경은 아이를 낳고 키우면서 건강한 레시피를 만들어내는 데 큰 도움이 되었습니다. 그리고 제 아들을 키우며 모아두었던 이유식 자료들과 여러 육아 방침 등을 미국에 계신 엄마들과 함께 공유하며 육아의 즐거움도 함께 나눌 수 있는 작

은 칼럼도 쓰게 되었지요. 저의 칼럼을 기다리는 많은 어머님들을 위해 새벽잠까지 줄여가며 칼럼을 쓰는 일도, 사랑하는 가족을 위해 정성과 사랑이 듬뿍 담긴 음식을 만들어 함께 식사를 하는 것도 제게는 그 무엇과도 바꿀 수 없는 큰 행복입니다.

저의 작은 희생으로 온 가족의 건강을 지킬 수 있고 또 수많은 가정에 행복을 전할 수 있다는 생각에 오늘도 저는 신선한 재료는 없을까 더 좋은 레시피는 없을까 고민하고 있답니다.

음식을 만드는 사람의 손끝에서 전해지는 온기와 사랑만큼 좋은 재료가 없다고 생각합니다. 몸이 너무 지치고 피곤하시더라도 엄마가 건강해야 온 가족이 건강하다는 것 잊지 마시고요!

마지막으로 부족한 점이 많은 책이지만 많은 가정의 식탁에 건강한 행복을 드릴 수 있었으면 좋겠습니다. 그리고 무엇보다 이 세상의 모든 엄마들께 감사드립니다.

참고서적/자료

United States Department of Agricuture

Food and Nutrition Services

ARS Children's Nutirtion Reserch Center

The World Health Organization (WHO)

Keep Kids Helthy.com

American Academy of Pediatrics Guide to Your Children's Nutrition

Making peace at the Table and Building Healthy Eating Habits for Life by William H. Dietz M.D. Ph.D F.A.A.P and Loraine Stern, M.D. F.A.A.P

The Healthiest Kid in the Neighborhood

Then Ways to Get Your Family on the Right Nutritional Track by

William Sears, M.D., Martha Sears, R.N., James Sears, M.D. and Robert Sears, M.D.

Published by Little, Brown and Company

Super Baby Food bu Ruth Yaron, F.J. Publishing

KI신서 2392

아이가 먼저 수저 드는
뉴욕식 건강 밥상

1판 1쇄 인쇄 2010년 5월 3일
1판 1쇄 발행 2010년 5월 10일

지은이 최예원 **펴낸이** 김영곤 **펴낸곳** (주)북이십일 21세기북스
출판컨텐츠사업본부장 정성진 **생활문화팀장** 김선미
기획편집 김미경 **영업·마케팅** 최창규 김용환 이경희 노진희 김보미 허정민 김현섭
출판등록 2000년 5월 6일 제10-1965호
주소 (우413-756) 경기도 파주시 교하읍 문발리 파주출판단지 518-3
대표전화 031-955-2100 **팩스** 031-955-2151
이메일 book21@book21.co.kr **홈페이지** www.book21.com **커뮤니티** cafe.naver.com/21cbook

값 15,000원
ISBN 978-89-509-2345-7 13590